CorelDRAW 2024 中文版
标准实例教程

胡仁喜　孟　培　杨雪静　编著

机械工业出版社
CHINA MACHINE PRESS

本书介绍了使用 CorelDRAW 2024 处理图形的各种常见方法。全书共 10 章，内容包括 CorelDRAW 2024 基础、基本操作、图形的绘制和编辑、对象编辑、对象属性、文本的应用、对象组织、位图的应用、打印输出、综合应用实例。本书在内容上以章节为框架，提出具体的学习目标，通过案例详细地讲解操作步骤，能够帮助读者快速了解并掌握 CorelDRAW 2024。

本书可作为 CorelDRAW 初学者的入门教材，也可作为图形图像制作、影视广告、包装设计等领域工作人员的参考书，还可作为计算机培训学校图形图像制作专业的教材。

图书在版编目（CIP）数据

CorelDRAW 2024 中文版标准实例教程 / 胡仁喜，孟培，杨雪静编著. -- 北京：机械工业出版社，2024.11. -- ISBN 978-7-111-76903-3

Ⅰ. TP391.412

中国国家版本馆 CIP 数据核字第 20246WL972 号

机械工业出版社（北京市百万庄大街 22 号　邮政编码 100037）
策划编辑：黄丽梅　　　　责任编辑：黄丽梅　王　珑
责任校对：樊钟英　陈　越　责任印制：任维东
北京中兴印刷有限公司印刷
2024 年 11 月第 1 版第 1 次印刷
184mm×260mm · 18 印张 · 453 千字
标准书号：ISBN 978-7-111-76903-3
定价：69.00 元

电话服务　　　　　　　　网络服务
客服电话：010-88361066　机　工　官　网：www.cmpbook.com
　　　　　010-88379833　机　工　官　博：weibo.com/cmp1952
　　　　　010-68326294　金　书　网：www.golden-book.com
封底无防伪标均为盗版　机工教育服务网：www.cmpedu.com

前　言

CorelDRAW 是加拿大 Corel 公司推出的著名的图形图像设计、制作及文字编排软件。CorelDRAW 2024 集设计、绘图、制作、编辑、合成、高品质输出、网页制作和发布等功能于一体，在图形设计、图像合成、排版印刷、网页制作等方面都能达到令人满意的效果，能够帮助用户创作出具有专业水平的作品。

随着版本的不断升级，CorelDRAW 的功能也在不断扩展和增强，其操作和应用也进一步向智能化和多元化方向发展。CorelDRAW 2024 是目前的主流应用版本，也是目前功能最强大的版本，本书将以 CorelDRAW 2024 为基础进行讲解。

全书共 10 章，全面、详细地介绍了 CorelDRAW 2024 的特点、功能、使用方法和技巧，内容包括：CorelDRAW 2024 基础、基本操作、图形的绘制和编辑、对象编辑、对象属性、文本的应用、对象组织、位图的应用、打印输出、综合应用实例。

对于初次接触 CorelDRAW 的读者来说，本书是一本很好的启蒙教材和实用工具书。书中每个章节讲解的内容和实例都能够帮助读者循序渐进地了解 CorelDRAW 的各项功能，使读者在学习时能够做到事半功倍。另外，每章结尾的"思考与练习"能够帮助读者实现举一反三，掌握操作技巧，提高分析问题、解决问题的能力。

本书面向初、中级用户和各类图像设计人员，可作为 CorelDRAW 初学者的入门教材，也可作为图形图像制作、影视广告、包装设计等领域工作人员的参考书，还可作为计算机培训学校图形图像制作专业的教材。

为了满足学校师生教学的需要，本书随书配赠了电子资料包，其中包含了全书实例操作过程 AVI 文件和实例源文件，以及专为教师教学准备的 PowerPoint 多媒体电子教案，读者可以登录网盘 https://pan.baidu.com/s/1rltU4VaSWKDNeljZWoMg9g，输入提取码 swsw 进行下载。也可以扫描下面的二维码进行下载：

读者若遇到有关本书的技术问题，可以将问题发送到邮箱 714491436@qq.com，我们将及时回复。同时欢迎读者加入图书学习交流 QQ 群（954908957）进行交流和探讨。

本书由河北工程技术学院的胡仁喜博士和石家庄三维书屋文化传播有限公司的孟培以及杨雪静老师编著。其中，胡仁喜编写了第 1~6 章，孟培编写了第 7~8 章，杨雪静编写了第 9~10 章。

本书主要内容来自编者几年来使用 CorelDRAW 的经验总结，也有部分内容取自国内外有关文献资料。虽然编者几易其稿，但由于水平有限，书中难免存在疏漏之处，恳请广大读者批评与指正。

编　者

目　录

第 *1* 章　CorelDRAW 2024 基础

人文素养

广大青年"要励志，立鸿鹄志"。作为新时代的青年，应志存高远、忠于祖国，努力做新时代具有远大理想和坚定信念的爱国者；作为新时代的青年，应敢于担当、勇于奋斗，努力做新时代具有责任意识和创新精神的建设者；作为新时代的青年，应勤奋学习、锤炼身心，努力做新时代具有过硬本领和高尚品格的接班人。我们与祖国是命运共同体，只有祖国强大，我们才会更加幸福，因此我们要从身边小事做起，让青春承担责任，让责任引领人生，与时代同步伐、与国家共命运、与人民齐奋斗，为祖国做力所能及的贡献。

本章导读

学习有关 CorelDRAW 2024 的基本知识（包括掌握 CorelDRAW 2024 的启动、退出和工作界面的组成，了解其涉及的色彩学基本概念），为后面进入系统学习做必要的准备。

学习目标

1. 掌握 CorelDRAW 的启动退出。
2. 熟悉 CorelDRAW 2024 工作界面。
3. 了解图像类型、分辨率、色彩模式等概念。

1.1　CorelDRAW 简介

CorelDRAW 是国内外非常流行的平面设计软件之一。CorelDRAW 是集平面设计和电脑绘画功能为一体的专业设计软件，被广泛应用于平面设计、商标设计、标志制作、模型绘制、插图描画、排版及分色输出等领域。

CorelDRAW 2024 是 CorelDRAW 的新版本，它的特点有：

1）高效稳定：CorelDRAW 2024 针对多核处理器进行了优化，大幅提高了软件运行速度和稳定性。

2）丰富功能：拥有多种强大的设计工具，如矢量插图、布局、照片编辑和排版等，可满足不同设计需求。

3）用户友好：界面简洁直观，操作方便快捷，可以轻松上手，提高工作效率。

CorelDRAW 2024 的主要功能有：

1）矢量插图：通过丰富的绘图工具和效果，用户可以轻松创建出独具特色的矢量插图。

2）布局设计：灵活的页面布局可以帮助用户调整文本和图像在版面中的位置与大小，实现理想的设计效果。

3）照片编辑：内置的照片编辑工具支持调整色彩、修复瑕疵等多种功能，可使照片更具魅力。

4）排版项目：强大的文字处理能力让排版工作更加轻松自如，呈现完美版面效果。

1.2　CorelDRAW 2024 系统要求

下面列出了最低系统要求，但要获得最佳性能，计算机的 RAM 和硬盘空间需要更大一些。

1. 操作系统（OS）

64 位 Windows 11、Windows 10（全都安装有最新的更新和服务包）。CorelDRAW 2024 支持 Windows 10 版本 21H1 和 21H2，以及可能在该套件生命周期内发行的更高版本。

2. 硬件

- Intel Core i3/5/7/9 或 AMD Ryzen 3/5/7/9、Threadripper、EPYC 中央处理器。
- 8 GB RAM。
- 4.3 GB 硬盘空间，用于保存应用程序文件和安装文件。
- 多点触控屏幕、鼠标或手写板。
- 显示器分辨率为 1280×720。
- 最新的设备驱动程序，确保获得最佳性能。
- DVD 驱动器（适用于盒装软件安装）。从 DVD 进行安装需要 700 MB 磁盘空间。

3. 网络

安装和验证 CorelDRAW 2024 以及访问某些包含的软件组件、在线功能和内容需要连接网络。

1.3　启动和退出 CorelDRAW 2024

单击"开始"→"所有程序"，在列表中找到"CorelDRAW Graphics Suite 2024"，其中包括"Corel CAPTURE""Corel Font Manager 2024""Corel PHOTO-PAINT 2024""CorelDRAW 2024""Duplexing Wizard"等几个程序组件，如图 1-1 所示。读者可以试用各组件的功能，阅读相关文档学习软件的使用方法。本书仅介绍"CorelDRAW 2024"程序组件。

单击 ，或者双击桌面快捷方式，出现启动屏幕，可以看到 Corel-DRAW 2024 的标志正居其上，同时显示程序启动的过程以及版权信息等内容，如图 1-2 所示。

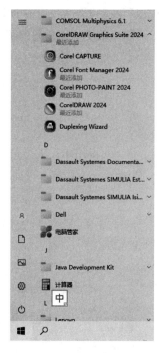

图 1-1 "CorelDRAW Graphics Suite 2024" 启动菜单   图 1-2 启动屏幕

　　打开软件，将直接进入欢迎屏幕，如图 1-3 所示。

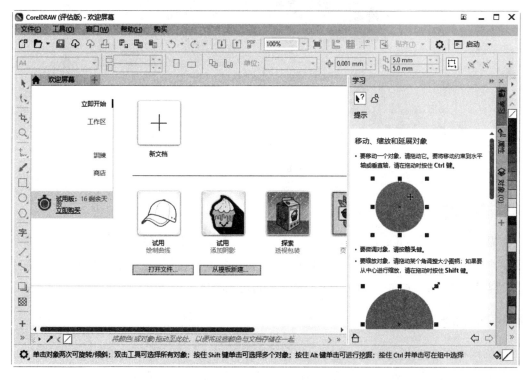

图 1-3 欢迎屏幕

要退出 CorelDRAW 2024 程序，可单击"文件"→"退出"（指"文件"选项卡中的退出命令），或单击标题栏上的 ✖ 按钮（文档窗口中的 ✖ 按钮用于关闭当前文件而与程序无关），也可使用快捷键 {Alt+F4}。

1.4 CorelDRAW 2024 工作界面

下面以经典界面为例进行 CorelDRAW 工作界面的介绍。进入 CorelDRAW 2024，可以看到如图 1-4 所示的工作界面，它由标题栏、菜单栏、工具栏、属性栏、工具箱、页面、页面控制栏、泊坞窗、调色板和状态栏等几个部分组成。

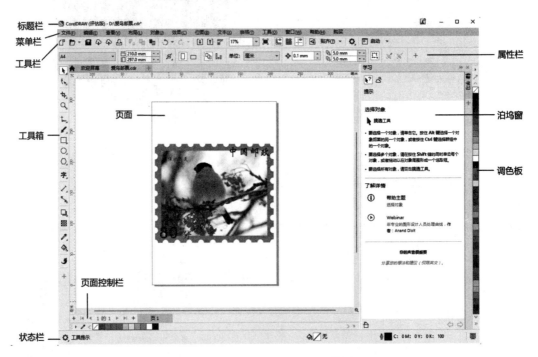

图 1-4 CorelDRAW 2024 工作界面

1.4.1 标题栏

标题栏位于工作界面的最顶端，它与其他应用程序大致相同，显示了应用程序的名称和当前文件名。要控制程序窗口的大小，可单击"窗口最小化"按钮 ▬、"窗口最大化"按钮 ▢ / "窗口还原"按钮 ▱，单击"关闭窗口"按钮 ✖ 可退出程序。

1.4.2 菜单栏

菜单栏位于标题栏的下方，包括 13 个菜单，如图 1-5 所示。在菜单栏中，CorelDRAW 2024 将几乎全部的命令和选项都根据其功能和使用方法进行了分类放置。

| 文件(F) | 编辑(E) | 查看(V) | 布局(L) | 对象(J) | 效果(C) | 位图(B) | 文本(X) | 表格(T) | 工具(O) | 窗口(W) | 帮助(H) | 购买 |

图 1-5　菜单栏

　　"文件"菜单主要用于文件操作、打印输出、环境设置、文件夹管理等，如图 1-6 所示。

　　"编辑"菜单主要用于对选定图像、选定区域进行各种编辑和修改操作，如图 1-7 所示。

　　"查看"菜单主要用于显示绘图和图形编辑过程中界面的各种参数，包括图像显示方式、预览方式、辅助工具等，如图 1-8 所示。

　　"布局"菜单包括"插入页面""再制页面""页码设置"等命令，如图 1-9 所示。

图 1-6　"文件"菜单　　　　图 1-7　"编辑"菜单　　　　图 1-8　"查看"菜单　　　　图 1-9　"布局"菜单

　　"对象"菜单提供了很多快捷好用的方法，这对于对象的细节编辑和对象的排列分布等都特别有用，如图 1-10 所示。其中，"造型"是绘图过程中常用的命令，除了可以在"对象"菜单中选择，还可以在"窗口"→"泊坞窗"中调用。

　　"效果"菜单用于为图形添加各种特殊的效果，如图 1-11 所示。

　　"位图"菜单主要用于编辑位图和转换位图，如图 1-12 所示。

　　"文本"菜单包含文本编辑功能、文本属性统计功能，如图 1-13 所示。

　　"表格"菜单主要用于向绘图添加表格，以创建文本和图像的结构布局。使用"表格"菜单中的相关命令还可以绘制表格或从现有文本中创建表格，如图 1-14 所示。

　　"工具"菜单主要用于设置 CorelDRAW 2024 的各方面属性，如图 1-15 所示。

　　"窗口"菜单可改变各个窗口的显示与排列方式，如图 1-16 所示。

　　"帮助"菜单用于显示帮助文档，如图 1-17 所示。

　　"购买"菜单用于显示购买软件的渠道。

图1-10 "对象"菜单　图1-11 "效果"菜单　图1-12 "位图"菜单　图1-13 "文本"菜单

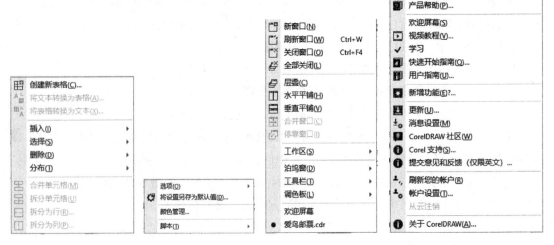

图1-14 "表格"菜单　图1-15 "工具"菜单　图1-16 "窗口"菜单　图1-17 "帮助"菜单

1.4.3　工具栏

工具栏位于菜单栏的下方，其中包含了常用的工具按钮（上面的按钮可以自定义），可以进行基本的操作，如图1-18所示。工具栏中的按钮实际上是菜单栏上常用命令的集成，可用于提高工作效率。与工具箱、属性栏相同，工具栏是可以拖放的命令栏。移动、停放和移出工具栏时，需要使用工具栏的抓取区。默认的工具栏是锁定的，不显示抓取区，需要解锁工具栏才能显示抓取区，执行"窗口"→"工具栏"→"锁定工具栏"命令即可解锁工具栏。工具栏左侧显示的点线区域为抓取区（拖动抓取区可改变工具栏的位置），如图1-19所示。对于浮动的工具栏，其标题栏为抓取区，如果没有显示标题，则抓取区由工具栏的顶部或左边缘处的点线标识。

图1-18　工具栏

图1-19　抓取区

1.4.4　属性栏

属性栏位于工具栏的下方，可显示当前指定对象的属性，如图1-20所示。选择不同的对象或工具，属性栏中显示的内容会有所不同。通过属性栏，可对指定对象的属性进行精确地调节。

图1-20　属性栏

1.4.5　工具箱

工具箱位于工作界面的左侧，可用来执行常用的图形绘制、文本创建、颜色选取填充等任务，如图1-21所示。除透明工具和变量轮廓工具外，各种工具按钮的右下角都有一个小三角形按钮◢，单击小三角形按钮◢，会出现弹出式工具栏。每个弹出式工具栏中包含了一系列作用相似的工具，如选择工具（见图1-22）、形状工具（见图1-23）、裁剪工具（见图1-24）、缩放工具（见图1-25）、手绘工具（见图1-26）、画笔工具（见图1-27）、矩形工具（见图1-28）、椭圆形工具（见图1-29）、多边形工具（见图1-30）、文本工具（见图1-31）、平行度量工具（见图1-32）、连接器工具（见图1-33）、阴影工具（见图1-34）、滴管工具（见图1-35）和交互式填充工具（见图1-36）。

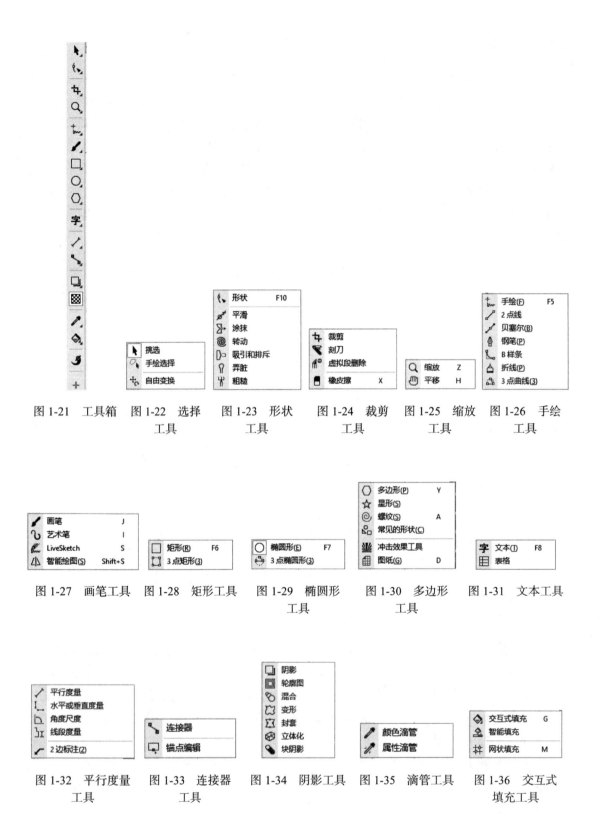

图 1-21　工具箱　图 1-22　选择　　图 1-23　形状　　图 1-24　裁剪　图 1-25　缩放　图 1-26　手绘
　　　　　　　　　　　工具　　　　　　工具　　　　　　工具　　　　　工具　　　　　工具

图 1-27　画笔工具　图 1-28　矩形工具　图 1-29　椭圆形　　图 1-30　多边形　图 1-31　文本工具
　　　　　　　　　　　　　　　　　　　　　　　工具　　　　　　工具

图 1-32　平行度量　图 1-33　连接器　图 1-34　阴影工具　图 1-35　滴管工具　图 1-36　交互式
　　　　　工具　　　　　　工具　　　　　　　　　　　　　　　　　　　　　　　　填充工具

1.4.6 页面

页面是绘图、编辑操作的矩形区域，仅此区域内的对象会被保存为文件或者打印。页面的属性可由属性栏中的下拉列表设置。

1.4.7 页面控制栏

页面控制栏位于工作界面的左下角，其中显示了当前页面页码与总页数等信息，如图 1-37 所示。在其中可以选择更改活动页面、跳转到首末页和添加新页面等选项。

图 1-37　页面控制栏

1.4.8 泊坞窗

泊坞窗默认状态下显示在工作界面的右侧，可以根据用户要求打开、关闭或调整位置。泊坞窗可以同时展开一个或多个，单击其右上角的 ⏩ 按钮可最小化，变成只显示内容名称的垂直条，再次单击对应的泊坞窗可还原。

1.4.9 调色板

调色板位于工作界面的右侧，其中显示了各种常用色彩。用户可自定义显示的色彩，默认情况下按 CMYK 模式的色彩比例设定。使用调色板，可为当前进行的操作选定颜色，完成线条绘制、色块填充等任务。

1.4.10 状态栏

状态栏可显示鼠标的当前位置、允许继续的操作以及有关选定对象（如颜色、填充类型和轮廓）的信息。

1.5 CorelDRAW 涉及的色彩学基本概念

1.5.1 矢量图像与位图图像

计算机绘图时使用的静态数字图像分为矢量图像和位图图像两大类。了解它们的特色和差异，有助于创建、编辑、输入、输出和应用图像。

（1）矢量图像　由矢量定义的直线和曲线组成。CorelDRAW、Adobe Illustrator 和 CAD 等软件都是主要以矢量图像为基础进行创作。矢量图像根据轮廓的几何特性进行描述，图形的轮廓画出后，被放在特定位置并填充颜色，移动、缩放或更改颜色不会降低图像的品质。矢量图像缩放到任意大小，以任意分辨率在输出设备上打印，都不会影响清晰度。

（2）位图图像 也叫作栅格图像，Photoshop一般多使用位图图像作为创作基础。位图图像由像素组成，每个像素都被分配一个特定位置和颜色值。在处理位图图像时，编辑的是像素而不是对象或形状，也就是说编辑的是每一个点。位图图像与分辨率（即在单位面积的图像上包含的像素的数量）有关，因此如果在屏幕上以较大的倍数放大显示图像，或以过低的分辨率打印，位图图像会出现锯齿边缘现象。

（3）矢量图像与位图图像比较 矢量图像和位图图像没有好坏之分，只是用途不同。矢量图像可以更好地保证作品的真实性，适用于创作文字（尤其是小字）和线条图形（如徽标）；位图图像对图像颜色过渡的表现较为理想，适用于表现自然界物体（尤其是光线作用下的物体）。

下面通过一个图例来观察矢量图像与位图图像放大后的差别。图1-38所示为原始图像，在图像为矢量图像的情况下，将车牌局部放大后的结果如图1-39所示；而在图像为位图图像时，同比例放大后的结果如图1-40所示。

图1-38　原始图像

图1-39　放大的矢量图像　　　　　　　　　图1-40　放大的位图图像

1.5.2　分辨率

分辨率包含图像分辨率、显示器分辨率、打印机分辨率和扫描分辨率4种。熟悉分辨率的概念，正确地选择分辨率，可以有效地保证设计作品的输出效果，并在设计效果与系统空间占用上达到平衡。

（1）图像分辨率　以每英寸图像内的像素数目度量，以 ppi 为单位（pixels per inch）。像素是可在屏幕上显示的最小元素。像素与屏幕无关。同样的显示尺寸，高分辨率的图像包含的像素比低分辨率的图像要多。例如，$1in^2$ 的图像在 150ppi 的图像分辨率时包含了 22500 个像素（150×150），而同样大的图像在 300ppi 的图像分辨率时包含了 90000 个像素（300×300）。高分辨率的图像通常比低分辨率的图像包含更多的细节和敏感的颜色转变，但会占用更多的磁盘空间，图像处理与输出也需要更多的时间。

（2）显示器分辨率　通常由每英寸像素或点阵数目来度量，以 dpi 为单位（dots per inch）。显示器分辨率依赖于显示器的尺寸以及显示器的像素设置，一般为 72dpi。在一些图像处理软件中，图像的像素被直接转化成显示器的像素（或点阵），因此当图像分辨率高于显示器分辨率时，显示器显示图像大于它指定的输出尺寸。例如，在 72dpi 的显示器上，实际大小为 $1in^2$ 的 144ppi 的图像，显示大小为 $4in^2$。

（3）打印机分辨率　以每英寸墨点的数目来度量，以 dpi 为单位（dots per inch）。高分辨率照排机等输出设备的分辨率也常以每英寸线数来度量，以 lpi 为单位（lines per inch）。打印机分辨率可影响到打印时色调和颜色的精细程度，较高 dpi 的打印机能产生较平滑和较清晰的输出。大多数激光打印机有 300～600dpi 的输出分辨率，高档次的在 1200dpi 左右。喷墨打印机的分辨率最高可达 1440dpi，照排机的打印分辨率通常为 1270dpi 或 2540dpi。打印机的 dpi 和 lpi 难以准确换算，如 300dpi 激光打印机的线频率通常是 45～60lpi。

在实际工作中，打印文件的效果受图像分辨率和打印机分辨率中的低值影响的同时也与二者的匹配性有关，这就需要在打印时使用合适分辨率的图像。一般情况下，可先了解使用打印机线频率（lpi），用它的 2 倍作为当前打印用图像分辨率（ppi），将高分辨率的设计文件保存，再保存当前打印用分辨率的副本，执行打印操作。这里，保存高分辨率的设计文件是为了以后用于其他方式输出或用其他打印机输出，而用合适分辨率的副本打印即可保证打印效果，又能最大限度地节约打印处理时间，并可防止过多占用系统资源导致的死机等问题。

（4）扫描分辨率　通常以每英寸点阵的数目（dpi）来度量，它决定扫描记录的图像的细致程度。通过扫描软件，扫描的点阵可直接转化成图像的像素。因此扫描分辨率越大，获得的图像文件尺寸也越大，需要更长的时间、更多的内存。扫描仪的分辨率指标通常有两个：光学分辨率与插值分辨率。光学分辨率是扫描仪的实际分辨率，它是决定图像清晰度和锐利度的关键因素；而插值分辨率则是通过软件运算的方式来提高分辨率的数值，对扫描黑白图像或放大较小的原稿等工作具有一定应用价值，但是想通过插值大幅度提高图像质量或弥补扫描仪光学分辨率低对图像质量的损失是不现实的。

1.5.3　色彩模式

在进行图形图像处理时，色彩模式将建立好的描述和重现色彩的模型作为基础，每一种模式都有它自己的特点和适用范围。用户可以按照制作要求来确定色彩模式，并且可以根据需要在不同的色彩模式之间转换。下面介绍一些常用的色彩模式的概念。

1. RGB 色彩模式

RGB 分别代表着 3 种颜色：R 代表红色，G 代表绿色，B 代表蓝色。自然界中绝大部分的可见光谱都可以用红、绿和蓝三色光按不同比例和强度的混合来表示。RGB 模型也称为加色模型，如图 1-41 所示。RGB 模型通常用于光照、视频和屏幕图像编辑。RGB 色彩模式使用 RGB 模型为图像中每一个像素的 RGB 分量分配一个 0～255 范围内的强度值，如图 1-42 所示。例如，纯红色的 R 值为 255，G 值为 0，B 值为 0；灰色的 R、G、B 三个值相等（除了 0 和 255）；白色的 R、G、B 值都为 255；黑色的 R、G、B 值都为 0。RGB 图像只使用三种颜色，将它们按照不同的比例混合，就可以在屏幕上显示出 16581375 种颜色。

图 1-41　加色模型

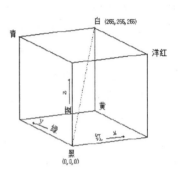

图 1-42　RGB 色彩模式

2. CMYK 色彩模式

CMYK 色彩模式是针对印刷而设计的模式。CMYK 指的是青色（cyan）、洋红色（magenta）、黄色（yellow）和黑色（black）4 种颜色。由于颜色不是直接来源于光线颜色，而是由照射在对象上反射回来的光线所产生的，因此当所有颜色被物体吸收或者没有任何光线照射时，该物体的颜色显示为黑色。这种颜色重叠的方式称为减色法，所以 CMYK 模型是一种减色模型，如图 1-43 所示。

CMYK 色彩模式以打印油墨在纸张上的光线吸收特性为基础，图像中每个像素都是由青（C）、洋红（M）、黄（Y）和黑（K）4 种颜色按照不同的比例合成，如图 1-44 所示。每个像素的每种印刷油墨会被分配一个百分比值，最亮（高光）的颜色分配较低的印刷油墨颜色百分比

图 1-43　减色模型

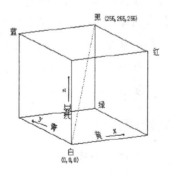

图 1-44　CMYK 色彩模式

值，较暗（暗调）的颜色分配较高的百分比值。例如，明亮的红色可能会包含 2% 青色、93% 洋红、90% 黄色和 0% 黑色。在 CMYK 图像中，当所有 4 种分量的值都是 0% 时，就会产生纯白色。

在制作用于印刷色打印的图像时，要使用 CMYK 色彩模式。RGB 色彩模式的图像转换成 CMYK 色彩模式的图像会产生分色，如果所用的图像素材为 RGB 色彩模式，最好在编辑完成后再转换为 CMYK 色彩模式。

3. HSB 色彩模式

HSB 色彩模式是根据日常生活中人眼的视觉特征而制订的一套色彩模式，它最接近于人类对色彩辨认的思考方式。HSB 色彩模式以色相（H）、饱和度（S）和亮度（B）描述颜色的基本特征。

色相指从物体反射或透过物体传播的颜色。在 0°~360° 的标准色轮上，色相是按位置计量的。在通常的使用中，色相由颜色名称标识，如红、橙或绿色。饱和度是指颜色的强度或纯度，用色相中灰色成分所占的比例来表示，0% 为纯灰色，100% 为完全饱和。在标准色轮上，从中心位置到边缘位置的饱和度是递增的。亮度是指颜色的相对明暗程度，通常将 0% 定义为黑色，100% 定义为白色。

HSB 色彩模式比前面介绍的两种色彩模式更容易理解，但由于设备的限制，在计算机屏幕上显示时要转换为 RGB 模式，在打印输出时要转换为 CMYK 模式。这在一定程度上限制了 HSB 模式的使用。

4. Lab 色彩模式

Lab 色彩模式由光度分量（L）和两个色度分量组成，这两个分量即 a 分量（从绿到红）和 b 分量（从蓝到黄）。Lab 色彩模式与设备无关，不管使用什么设备（如显示器、打印机或扫描仪）创建或输出图像，这种色彩模式产生的颜色都保持一致。Lab 色彩模式通常用于处理 Photo CD（照片光盘）图像，单独编辑图像中的亮度和颜色值，在不同系统间转移图像。

5. Indexed Color（索引色彩）模式

索引色彩模式最多使用 256 种颜色。当图像转换为索引色彩模式时，通常会构建一个调色板存放并索引图像中的颜色。如果原图像中的一种颜色没有出现在调色板中，程序会选取已有颜色中最相近的颜色或使用已有颜色模拟该种颜色。

在索引色彩模式下，通过限制调色板中颜色的数目可以减小文件，同时保持视觉上的品质不变。在网页中常常需要使用索引色彩模式的图像。

6. Bitmap（位图）色彩模式

位图色彩模式的图像由黑色与白色两种像素组成，每一个像素用"位"来表示。"位"只有两种状态：0 表示有点，1 表示无点。位图色彩模式主要用于早期不能识别颜色和灰度的设备。如果需要表示灰度，则需要通过点的抖动来模拟。

位图色彩模式通常用于文字识别。如果扫描需要使用 OCR（光学文字识别）技术识别的图像文件，须将图像转化为位图色彩模式。

7. Grayscale（灰度）色彩模式

灰度色彩模式最多使用256级灰度来表现图像，图像中的每个像素有一个0（黑色）~255（白色）之间的亮度值。灰度值也可以用黑色油墨覆盖的百分比来表示（0%表示白色，100%表示黑色）。在将彩色图像转换为灰度色彩模式的图像时，会去掉原图像中所有的色彩信息。与位图色彩模式相比，灰度色彩模式能够更好地表现高品质的图像效果。

需要注意的是，尽管一些图像处理软件可以将灰度色彩模式的图像重新转换为彩色模式的图像，但转换后不可能将原先丢失的颜色恢复，只能为图像重新上色，所以在将彩色模式的图像转换为灰度色彩模式的图像时应尽量保留备份文件。

1.6　CorelDRAW 2024 新增功能

CorelDRAW 2024较以前的版本新增了以下几项功能。

1.6.1　画笔

CorelDRAW 2024引入了令人兴奋的全新画笔。画笔将像素绘画的独特表现品质与矢量编辑的精度相结合，为艺术家打开了一个充满创意可能性的世界。画笔可满足各种图形设计需求，使其成为不同专业水平的用户不可或缺的工具。无论您是在普通的项目中添加简单的装饰，还是将复杂的艺术概念栩栩如生地展现出来，这些多功能笔刷都能为您提供绘画体验，激发您在每一次的设计追求中进行创新和自我表达。画笔基于像素的刷痕复现了传统艺术媒介（如颜料、蜡笔和铅笔）的外观和感觉，使其非常适合向矢量设计添加笔刷效果和逼真底纹，以及创建有机和自然的作品。此外，像素笔刷笔触由矢量曲线控制，这使得线条和形状的编辑与操作变得轻松自如。

下面通过属性栏上的画笔选择器，深入了解CorelDRAW 2024笔刷库中可用的丰富笔刷样式。

将鼠标指针悬停在笔刷选择器中的样式上会显示笔触特征的预览，如图1-45所示。

各种笔刷经过精心策划和严格测试，可满足不同的艺术偏好和技术，如油画的豪华底纹、丙烯的多功能性、水彩的优雅流动和喷漆的复杂细节。这个集合不仅包括传统的干媒介，如铅笔、蜡笔、粉笔和马克笔，而且还拥有数字特效以及富有物理学灵感的粒子笔刷（粒子笔刷穿过画布时可产生迷人的线条和图案）。使用CorelDRAW 2024笔刷库中笔刷样式创建的示例如图1-46所示。

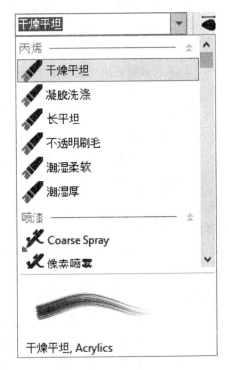

图1-45　笔触特征预览

图 1-46 使用笔刷库中的笔刷样式创建的示例

1.6.2 远程字体

用户现在可以直接在 CorelDRAW 2024 和 Corel PHOTO-PAINT 中访问 Google Fonts 等远程字体,这使得用户可以预览远程字体而无须下载。当用户使用远程字体时,它会自动下载以供立即使用。

在 CorelDRAW 2024 中,若打开不包含在系统中或未嵌入在文件中但在联机库中可用的字体的文档,此功能还可节省时间。这些缺少的字体将自动安装,从而消除了任何字体替换步骤。

如果用户希望仅使用系统上安装的字体,则可以选择不在字体列表框中显示远程字体。

1.7 思考与练习

一、选择题

1. CorelDRAW 是(　　　）的产品。

   A. 美国　　　　　　B. 芬兰　　　　　　C. 加拿大　　　　　D. 印度

2. 在 CorelDRAW 2024 中总共有(　　　）个菜单栏。

   A. 10　　　　　　　B. 11　　　　　　　C. 12　　　　　　　D. 13

3. 停放的工具栏抓取区的标识是(　　　）。

   A. 标题　　　　　　B. "抓取区"字样　　C. 周围的边框　　　D. 左侧或上方的双线

4. 应用加色模型的色彩模式是(　　　）。

   A. RGB　　　　　　B. CMYK　　　　　　C. HSB　　　　　　D. Lab

二、上机操作题

1. 启动 CorelDRAW 2024,阅读关于其新增功能的介绍。

> ▶ **特别提示**
> 启动 CorelDRAW 2024 后在菜单栏的"帮助"中查看。

2. 拖动可抓取的命令栏,移动并还原其位置。查看工具箱里各项工具的作用。

> ▶ **特别提示**
> 参考 1.4 节。

第 2 章　基本操作

人文素养

社会主义核心价值观是当代中国精神的集中体现，凝结着全体人民共同的价值追求。富强、民主、文明、和谐的国家价值观的实现，依赖于社会层面和个人层面的价值追求，它需要以自由、平等、公正、法治的价值追求为支撑，以爱国、敬业、诚信、友善的价值准则为依托。国家梦、民族梦只有同社会、个人的价值追求紧密结合起来，与每个人的理想奋斗有机融合起来，梦想才有生命，梦想才有根基；同样，我们每个人只有把自己的人生理想与价值追求融入实现社会进步和国家繁荣昌盛而不懈奋斗的滔滔洪流，尊重客观事实，抓住机遇，自信勤奋，才会实现自己的个人理想和人生价值。在不断的成长学习过程中，相信随着年龄的不断增长，阅历及知识的不断丰富，我们一定会对社会主义有更深的理解。

本章导读

学习 CorelDRAW 2024 的基本操作方法（包括掌握有关文件、页面的简单操作，能够熟练地设置页面及调整显示状态以满足设计作品需要，了解各种辅助工具的作用、设置方法及适用环境），为今后的设计工作打下良好基础。

学习目标

1. 掌握文件操作、页面操作的方法。
2. 了解页面设置的方法及效果。
3. 了解各种显示模式的区别及适用情况。
4. 掌握各种辅助工具的设置方法及作用。

2.1　文件操作

2.1.1　新建文件

用 CorelDRAW 2024 开始设计工作，需要先新建文件或打开文件。新建文件通常有以下 4 种方法：

欢迎屏幕：单击欢迎屏幕上的"立即开始"→"新建文档"或"从模板新建"。

菜单命令：执行"文件"→"新建"或"文件"→"从模板新建"菜单命令。

快捷键：{Ctrl+N}（大括号中的内容为快捷键组合，"+"用来连接不同的按键，使用时应同时按下各键）新建文件。

工具栏按钮：⬚。

2.1.2 打开文件

打开文件通常有以下 4 种方法：

欢迎屏幕：选择欢迎屏幕上的"打开文件"选项。

菜单命令：执行"文件"→"打开"菜单命令。

快捷键：{Ctrl+O}。

工具栏按钮：📁。

2.1.3 导入文件

导入文件是指将在其他应用程序中创建的非 CorelDRAW 格式文件或 CorelDRAW 早期版本中与操作系统所用语言文字不同的文件加入到 CorelDRAW。可通过以下几种方式完成：

菜单命令：执行"文件"→"导入"菜单命令，弹出"导入"对话框，如图 2-1 所示。在"导入"对话框中单击需要的文件，然后单击"导入"按钮，此时页面上不直接显示文件，而是出现如图 2-2 所示的导入文件提示。单击页面的任意位置，弹出导入文件定位提示，如图 2-3 所示。此时按住并拖动鼠标左键至适当放置，即可将文件的左上角定位于此。

右键快捷菜单：右击，弹出如图 2-4 所示的右键快捷菜单，单击"导入"。

图 2-1 "导入"对话框

17

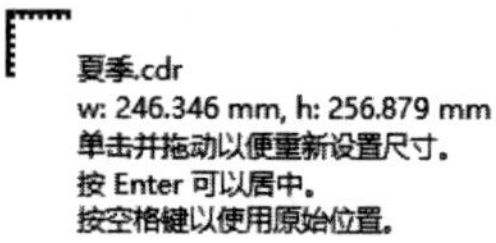

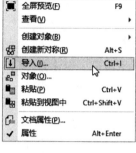

夏季.cdr
w: 246.346 mm, h: 256.879 mm
单击并拖动以便重新设置尺寸。
按 Enter 可以居中。
按空格键以使用原始位置。

夏季.cdr
w: 17.501 mm, h: 18.249 mm

图 2-2　导入文件提示　　　　图 2-3　导入文件定位提示　　　　图 2-4　右键快捷菜单

快捷键：{Ctrl+I}。

工具栏按钮：↓ 。

2.1.4　查看文档信息

菜单命令：执行"文件"→"文档属性"菜单命令，弹出"文档属性"对话框，如图 2-5 所示。对话框中列出了文档属性中显示的内容，包括当前打开的文件、文档、颜色、图形对象、文本统计、位图对象、样式、效果、填充和轮廓等内容。

右键快捷菜单：右击，在如图 2-4 所示的右键快捷菜单中单击"文档属性"。

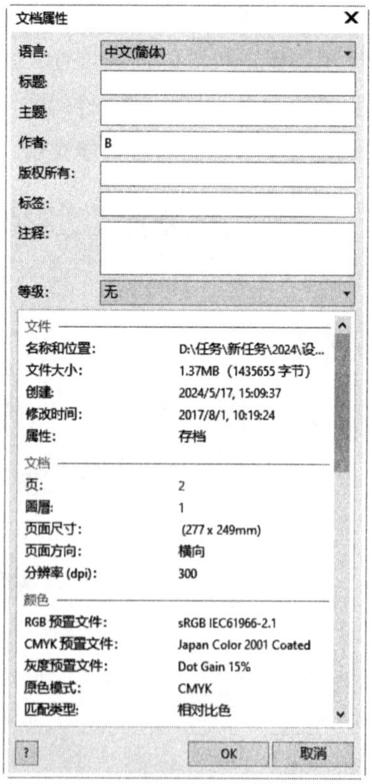

图 2-5　"文档属性"对话框

2.1.5　保存文件

保存文件是将设计作品以文件的形式存储在计算机硬盘里。

菜单命令：对于尚未保存的文件，执行"文件"→"保存"菜单命令，会弹出"保存绘图"对话框，如图 2-6 所示。

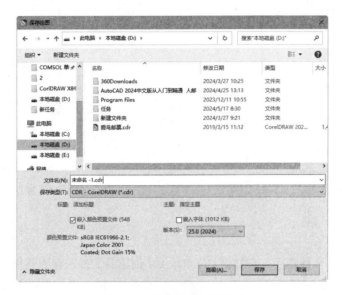

图 2-6　"保存绘图"对话框

在"保存在"下拉列表中选择存储位置。在"文件名"文本框中输入文件名（单击后面的打开下拉列表按钮会出现最近保存的文件名）。在"保存类型"下拉列表中选择要保存的文件类型，系统默认保存为 .CDR 格式文件。单击"保存"按钮即可保存文件。如果想进一步对文件进行设置，在保存前还可在"版本"下拉列表中选择保存的版本，CorelDRAW 2024 允许将文件保存为 15.0 ~ 25.0 的版本。

保存文件时，还可以做一些特殊的选择，如压缩文件、打印输出或用 Web 发布文件等，在单击"高级"按钮弹出的"选项"对话框中可完成这些操作，如图 2-7 所示。

对已经保存过的文件，再次保存时，不会再弹出上述对话框，系统只保存操作中的更改信息。对于已经进行过保存操作且未做任何改动的文件，CorelDRAW 2024 中的"保存"命令以灰色显示，无法使用。

如果想重新对文件的信息进行设置，可执行"文件"→"另存为"菜单命令，保存文件的副本，操作方法同上。如果对保存过的副本文件再做修改，并进行保存，改动只会保存在当前使用的副本上，不会对正本有影响。

关闭程序时，如果有文件尚未保存，或者有文件的修改操作未做保存，会弹出如图 2-8 所示的提示对话框。若想保存修改，单击"是（Y）"按钮，按系统提示操作即可。

快捷键：保存的快捷键是 {Ctrl+S}，另存为的快捷键是 {Ctrl+Shift+S}。

工具栏按钮：█。

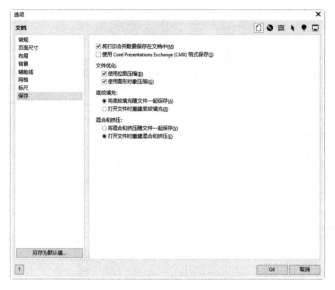

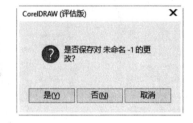

图 2-7 "选项"对话框　　　　　　　　　　　　　图 2-8 保存文件提示对话框

2.1.6 导出文件

导出文件与导入文件相反，它是将 CorelDRAW 创建的文件保存为其他应用程序可读的文件格式。

菜单命令：执行"文件"→"导出"菜单命令，弹出如图 2-9 所示的对话框。导出文件与保存文件的操作方法基本相同。输入相关信息后，单击"导出"按钮。如果选择的是位图，会弹出如图 2-10 所示的对话框，可在其中进一步设置导出文件的大小、分辨率和颜色模式等参数。

图 2-9 "导出"对话框　　　　　　　　　　　　图 2-10 "转换为位图"对话框

也可执行"文件"→"导出为"→"Office"菜单命令，弹出"导出用于办公"对话框，在"导出到"下拉列表中选择"WordPerfect Office"（见图 2-11）或"Microsoft Office"（见

图 2-12）。如果选择后者，还需进一步在"图形最佳适合"下拉列表中选择"兼容性"或"编辑"。选择"兼容性"后，在"优化"下拉列表中将出现"演示文稿""桌面打印"和"商业印刷"3 个选项。不同的选项可导致文件的体积和质量有很大的区别。对于同一文件，输出体积最小的是"导出到 WordPerfect Office"，最大的是"导出到 Microsoft Office—图形最佳适合兼容性—优化商业印刷"。

快捷键：{Ctrl+E}。

工具栏按钮： ⬆ 。

图 2-11 "导出用于办公"对话框（1）　　　　图 2-12 "导出用于办公"对话框（2）

2.2 页面操作

2.2.1 页面插入

菜单命令：执行"布局"→"插入页面"菜单命令，弹出如图 2-13 所示的对话框。在"页码数"文本框中可输入想插入的页数。使用"现存页面"文本框及"之前""之后"单选按钮可确定新插入页的位置，即新插入页位于原有某页（填写在"现存页面"文本框中）的前面或后面，自定义页面大小及放置方向。

页面控制栏：右击页面控制栏上的页面标签，如图 2-14 所示，弹出如图 2-15 所示的菜单，可以从中选择页面插入、删除和重命名等操作。

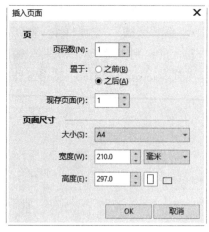

图 2-13 "插入页面"对话框

图 2-14 光标指向页面控制栏的页面标签

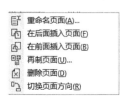

图 2-15 "页面操作"菜单

2.2.2 页面删除

菜单命令：执行"布局"→"删除页面"菜单命令，弹出如图 2-16 所示的对话框，在"删除页面"文本框中可输入要删除页的页码。

2.2.3 重命名

菜单命令：执行"布局"→"重命名页面"菜单命令，弹出如图 2-17 所示的对话框，在"页名"文本框中可输入新的页名。此操作可为当前活动页面命名，对程序中打开的非活动页面无影响。

2.2.4 页面跳转

菜单命令：执行"布局"→"转到某页"菜单命令，弹出如图 2-18 所示的对话框，在"转到某页"文本框中可输入要转到的页码。

图 2-16 "删除页面"对话框　　图 2-17 "重命名页面"对话框　　图 2-18 "转到某页"对话框

2.2.5　页面切换

菜单命令：执行"布局"→"切换页面方向"菜单命令，可在页面横向与纵向之间进行切换。

2.3　页面设置

2.3.1　页面大小

菜单命令：执行"布局"→"页面大小"菜单命令，弹出如图2-19所示的"选项"对话框（页面尺寸）。

在"高度"数值调节框后面可选择页面是纵向还是横向。在"大小"下拉列表中可选择合适的纸张大小，所选纸张的宽度和高度会自动显示在下面的"宽度""高度"数值调节框中，如果其中没有合适的纸张大小，可在"宽度"和"高度"文本框中输入所需数值。改变"宽度""高度"文本框中的数值后，"大小"下拉列表中也会自动显示出与"宽度""高度"相匹配的纸张大小。如果没有匹配的纸张大小，则此处显示为"自定义"，此时对话框右方的"保存"图标 处于激活状态，可单击此图标，在弹出的"自定义页面类型"对话框（见图2-20）中输入页面类型，单击"OK"按钮保存。

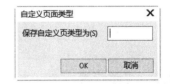

图 2-19　"选项"对话框（页面尺寸）　　　　图 2-20　"自定义页面类型"对话框

在"出血"选项组中可以确定图像超出裁剪标记的距离。如果使用出血将打印范围扩展到页面边缘，必须设置出血限制。单击"添加页框"按钮，会在页面的边缘出现细黑线框，这种线框在打印的作品中会有显示，一般用于实际打印用纸张大于设计所需纸张时确定设计纸型。

属性栏：在处于无选定范围的情况下（即单击操作区内页面以外的范围所处状态），属性栏前半部分的按钮亦可用来设置页面大小。

单击工具栏中的 ✿ 按钮，也会弹出"选项"对话框，同样可完成页面大小、版面、标签和背景等属性的设置。

2.3.2　页面布局

菜单命令：执行"布局"→"页面布局"菜单命令，弹出如图 2-21 所示的"选项"对话框（布局）。在"布局"下拉列表中选择所需的版面样式，包括全页面、活页、屏风卡、帐篷卡、侧折卡、顶折卡或三折小册子，对话框上会出现相应的说明及图形预览。版面的样式对作品设计影响不大，主要影响打印时的排版方式。执行"文件"→"打印预览"菜单命令，可感受到其中的差异。

图 2-21　"选项"对话框（布局）

2.3.3　页面背景

菜单命令：执行"布局"→"页面背景"菜单命令，弹出如图 2-22 所示的"选项"对话框（背景）。默认选中"无背景"选项。

可选择"纯色"选项，单击其后的下拉按钮，在弹出的常用色盘下拉框（见图 2-23）中选择需要的背景颜色。如果没有合适的颜色，可单击"更多颜色选项"图标 ⋯，在打开的下拉列表中选择合适的颜色。

图 2-22 "选项"对话框（背景）

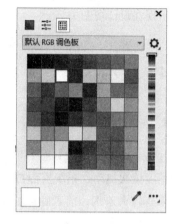

图 2-23 常用色盘下拉框

在"颜色滑块"选项卡（见图 2-24）中可通过颜色模式下拉列表选择颜色模式，选择颜色模式后，可拖动每个色值的颜色滑块来调整颜色。"颜色查看器"选项卡（见图 2-25）实际上是一个完整的色盘，可以拖动颜色滑块选取大致的颜色范围，并在选项卡左侧的色盘中用鼠标取色。在"调色板"选项卡（见图 2-26）中可使用系统定义的各种类型色块取色（具体操作请读者自行尝试）。需要注意的是，"纯色"选项只能对页面添加单一没有变化的背景颜色。

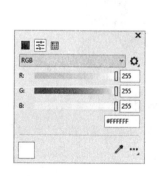

图 2-24 "颜色滑块"选项卡

图 2-25 "颜色查看器"选项卡

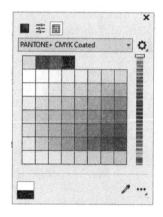

图 2-26 "调色板"选项卡

在"选项"对话框（背景）中选择"位图"，并单击后面的"浏览"按钮，弹出"导入"对话框，在其中可导入位图。位图的导入方法与导入文件的方法相同。

一旦选择了背景文件，"位图来源类型"选项即被激活，可选择"链接"或"嵌入"。"链接"没有将背景图片真正地加入文件，只是添加了链接信息，有利于减小文件体积；"嵌入"在文件通用性方面的表现更为理想，不会因为文件位置的移动而引起链接丢失。

"位图尺寸"同时也被激活，默认尺寸为文件的自然尺寸，用户亦可自定义尺寸。这里的自定义尺寸指的是引用的图片表现的尺寸，如果其尺寸与页面大小不匹配，将以平铺的方式填充页面。

如果想让设置的背景出现在打印作品中，需选择"打印和导出背景"复选框，否则背景将只出现在设计视图中。

2.4 显示状态

2.4.1 显示模式

CorelDRAW 2024 允许将文件显示为线框、正常、增强和像素等 6 种模式。各种模式的显示精度依次提高，系统资源占用率也逐渐增大。其中，"线框"模式为纯单色显示，与位图实际效果有较大差别，前者隐藏填充、立体模型、轮廓和中间调和形状，后者隐藏填充但显示立体模型、轮廓和中间调和形状。"线框"模式适用于计算机运行较慢的情况。其他 5 种显示模式的显示效果与位图实际效果差别不大，均以彩色显示，但是要求计算机有较大的内存和较高的屏幕刷新率。图 2-27～图 2-32 所示为不同显示模式的效果。

菜单命令：执行"查看"→"线框"、"查看"→"正常"、"查看"→"增强"、"查看"→"像素"、"查看"→"模拟叠印"、"查看"→"光栅化复合效果"菜单命令，可进行各种显示模式的切换。

图 2-27 "线框"显示模式

图 2-28 "正常"显示模式

a) 正常

b) 增强

图 2-29 "增强"显示模式

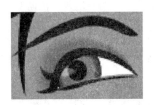

图 2-30 "像素"显示模式

26

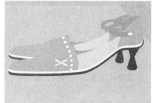

a) 正常   b) 模拟叠印

图 2-31 "模拟叠印"显示模式

a) 正常   b) 光栅化复合效果

图 2-32 "光栅化复合效果"显示模式

2.4.2 显示预览

使用 CorelDRAW 2024，可以以全屏预览、只预览选定的对象、多页视图等方式预览设计文件。在默认状态下，以如图 2-33 所示的完整模式显示单一页面文件，可执行文件编辑的各种操作。

图 2-33 默认显示状态

选择"多页视图"方式可在页面窗口中显示所有页面，但只能进行与文件设置、页面设置有关的有限操作，如图 2-34 所示。

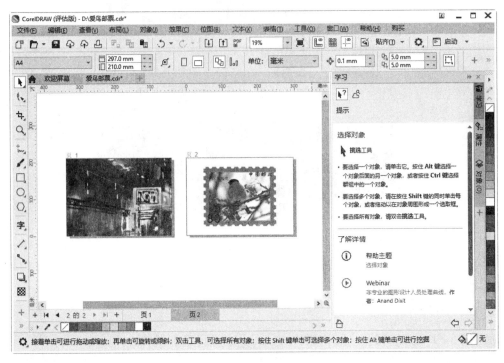

图 2-34 "多页视图"方式

选择"全屏预览"方式可将选定文件显示在整个桌面上，但无法进行任何编辑操作，如图 2-35 所示。选择"只预览选定的对象"方式可显示设计文件的一个或几个图层对象，也是以全屏的方式显示，如图 2-36 所示。如果无选定对象，则显示空白页面。

> ➤ **特别提示**
>
> 在使用"全屏预览"方式时，屏幕上显示的文件并非设计文件的全部，而是设计状态下页面窗口中显示的部分。

图 2-35 "全屏预览"方式

图 2-36 "只预览选定的对象"方式

菜单命令：执行"查看"→"多页视图"菜单命令切换到多页视图，再次执行"查看"→"多页视图"菜单命令返回到设计视图。

执行"查看"→"全屏预览"菜单命令切换到全屏预览状态，单击文件的任意位置返回设计视图。

单击需预览的对象即可选定对象（需预览多个对象时，可在选定第一个对象后按住 {Shift} 键，继续单击要预览的对象），执行"查看"→"只预览选定的对象"菜单命令即可预览。单击已选定的对象，可取消选定。

右键快捷菜单：选择"全屏预览"的方法为右击，在弹出的右键快捷菜单中单击"全屏预览"。

快捷键：选择"全屏预览"的快捷键为 {F9}。

2.4.3 显示比例

工具箱图标：单击"缩放工具"图标🔍，此时属性栏如图 2-37 所示。

图 2-37 属性栏

按比例放大可单击🔍图标，鼠标指针变成放大镜的形状，同时文件放大 1 倍。想继续放大文件，可再次单击🔍图标，也可直接在文件的任意位置单击。需要注意的是，如果直接单击，鼠标指针指向的位置将成为变化显示比例后的中心位置。🔍图标的作用与🔍图标恰好相反，请读者自行尝试。

单击🔍图标可对选定范围进行缩放操作，先选定一些对象，单击此图标后会在页面窗口中以最大比例完整地显示出所选定的对象。单击🔍图标可缩放全部对象，即让页面中有对象的部分全部显示在页面窗口中。

属性栏中的后 4 个图标的作用分别是：🔍用于显示页面，多用于整体观看设计效果；🔍用于按页宽显示，🔍用于按页高显示，这两个图标用于保证文件的纵横比不变，分别让页面充满显示区的宽度和高度；➕用于添加常用项目或删除不使用的项目。

鼠标滚轮：鼠标滚轮向前推动为放大操作，向后拉动为缩小操作。

泊坞窗：执行"窗口"→"泊坞窗"→"视图"菜单命令，工作界面右侧出现如图 2-38 所示的"视图"泊坞窗。

图 2-38 "视图"泊坞窗

> ► **操作技巧**
>
> 当鼠标指针为 🔍 时，按住 Shift 键，放大镜中的"+"将变为"−"，可执行缩小操作，释放 Sihft 键，鼠标指针还原为 🔍。
>
> 当鼠标指针为 🔍 时，在页面上某一位置按住并移动鼠标左键，文件上会出现一个虚线框，释放鼠标，画出的虚线框内的部分即为新的显示范围。

2.4.4 视图平移

单击"缩放工具"图标，如果工具箱中没有出现手形图标，显示的是 🔍 图标，可单击此图标右下角的小三角形按钮 ◢，然后单击其中的 🖐 图标，鼠标指针就会变成手形，即可用于拖动页面到合适的位置。

2.5 定位辅助工具

2.5.1 标尺

标尺（见图 2-39）是辅助设计对象定位或确定尺寸的工具，默认状态下，显示在页面窗口的上方和左侧，类似于平面直角坐标系的 X 轴和 Y 轴。与其他辅助工具一样，标尺对打印以及对象的实际位置并无影响。标尺设置主要是改变标尺的开启状态及原点位置。

图 2-39 标尺

进行页面操作：把鼠标指针移动到标尺交叉点的 符号上，按住鼠标左键并拖动鼠标至屏幕的任意位置，屏幕上将出现一横一竖两条交叉的虚线，在适当的位置释放鼠标后，标尺上的数值会发生变化，释放鼠标处成为新的坐标原点。

辅助工具设置：精确的标尺设定包括原点位置、标尺单位的选取，主要用于工业设计、建筑设计、地图设计等对尺寸要求严格或有比例尺的设计工作。如果想精确地设定标尺的原点位置，可右击标尺交叉点的 按钮，弹出如图 2-40 所示的快捷菜单，单击"标尺设置"，弹出"选项"对话框（标尺），如图 2-41 所示。具体方法请读者自行体验。

菜单命令：执行"查看"→"标尺"菜单命令，可开启或关闭标尺；执行"布局"→"文档选项"菜单命令，打开"选项"对话框，在该对话框中选择"标尺"选项，可对标尺进行精确设置。

属性栏：单击 按钮，可显示或隐藏标尺。

图 2-40 "定位辅助工具设置"快捷菜单　　　　图 2-41 "选项"对话框（标尺）

2.5.2 网格

网格与标尺一样，也是辅助定位的工具，系统默认为 5mm×5mm 方格。其设置包括开启状态、网格线间隔和显示方式。

辅助工具设置：右击标尺交叉点的 按钮，弹出如图 2-40 所示的快捷菜单，单击"网格设置"，弹出"选项"对话框（网格），如图 2-42 所示。网格可以通过自定义网格中的"频率"或者"间距"进行设置，频率是指在每一水平和垂直单位之间显示的线数或点数。间距是指每条线或每个点之间的精确距离。高频率值或低间距值会使网格更密，有助于精确地对齐和定位对象。"显示网格"复选框可用于控制是否开启网格。"显示网格为线条"和"显示网格为点"是

图 2-42 "选项"对话框（网格）

网格的两种不同显示方式，前者以方格形式出现，后者在点上以"+"标记显示。如果选择"贴齐网格"，移动对象时，对象就会在网格线之间跳动，以网格线为准对齐。

菜单命令：执行"查看"→"网格"→"文档网格"菜单命令，可显示或隐藏网格；执行"布局"→"文档选项"菜单命令，打开"选项"对话框，在该对话框中选择"网格"选项，可对网格进行精确设置；执行"查看"→"贴齐"→"文档网格"菜单命令，可使对象贴齐网格。

属性栏：单击▦按钮，可显示或隐藏网格。单击贴齐⤓▾按钮，可勾选网格（贴齐网格）。

2.5.3 辅助线

辅助线分为垂直、水平和倾斜 3 种，可以作为标尺刻度的延伸协助定位，比网格更为灵活有效。

进行页面操作：单击标尺，按住鼠标左键并拖动，会出现一条与所选标尺平行的虚线，在适当位置释放鼠标左键，此位置出现辅助线，单击辅助线没有穿过对象的部分，按住鼠标左键并拖动，辅助线会随鼠标移动，在适当的位置释放鼠标左键，辅助线即被移动到新的位置。

辅助工具设置：若需要精确地设置辅助线，可右击标尺交叉点的 ↖ 按钮，弹出如图 2-40 所示的快捷菜单，单击"准线设置"，弹出"辅助线"泊坞窗，如图 2-43 所示。也可以执行"布局"→"文档选项"菜单命令，打开"选项"对话框，在该对话框中选择"辅助线"选项，如图 2-44 所示。在"显示"选项卡中勾选"显示准则"或"快照到辅助线"复选框（"快照到辅助线"的作用和"贴齐网格"的作用相似）。在这个对话框中还可以改变辅助线的颜色。

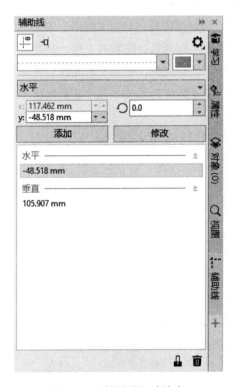

图 2-43 "辅助线"泊坞窗

图 2-44 选择"辅助线"选项

选择"辅助线"后,"选项"对话框中显示出"显示""水平""垂直""辅助线""预设"5个选项卡,可分别用于设置各种方向的辅助线。

选择"水平"选项卡,此时对话框如图 2-45 所示。在"Y"数值调节框中输入数值,在后面的下拉列表中选择长度单位,单击下面的"添加"按钮,数值调节框下方将显示此辅助线的信息,标尺相应刻度的位置上会出现水平方向的辅助线。在已经有辅助线的情况下,单击其中的某一条辅助线,使其背景变为蓝色,在"Y"数值调节框中输入新的数值,单击"移动"按钮,可将所选辅助线移动到新数值表示的位置。

单击某一条辅助线,然后单击"删除"按钮,可将此辅助线删除。"全部清除"按钮可用于去掉所有辅助线。

图 2-45 "水平"选项卡

垂直辅助线的设置方法与水平辅助线相似,请读者自行体会。

"辅助线"选项卡可用于设置倾斜的辅助线。首先在"类型"下拉列表中选择定位方式(包括"2 点"和"角度和 1 点"两种方式)。若选择"2 点"定位方式,在"X1:(X)""Y1(1)""X2(2)""Y2:(Y)"数值调节框中分别输入数值,即可设置通过(X1, Y1)、(X2, Y2)两点的辅助线,如图 2-46 所示;若选择"角度和 1 点"定位方式,在"X:(X)""Y:(Y)""角度"数值调节框中分别输入数值,即可设置通过点(X, Y)、倾斜角为指定度数的辅助线,如图 2-47 所示。

> ➤ 操作技巧
>
> 当 X1 与 X2 值相等时为垂直线(Y1 不等于 Y2),当 Y1 与 Y2 值相等时为水平线(X1 不等于 X2)。系统不允许 X1 与 X2、Y1 与 Y2 值同时相等。

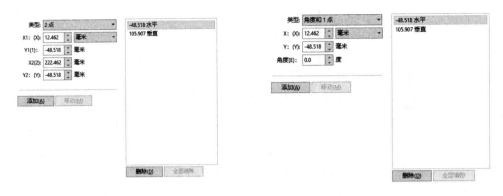

图 2-46　使用"2 点"定位方式创建辅助线　　　图 2-47　使用"角度和 1 点"定位方式创建辅助线

在"辅助线"选项卡中会显示出所有的辅助线，包括垂直辅助线和水平辅助线，因为垂直辅助线和水平辅助线实际上就是角度为 90° 和 0° 的导线。在"辅助线"选项卡中可对所有辅助线进行移动、删除操作。

> ➤ **特别提示**
>
> 角度值的允许范围为 −360° ～ 360°。其中，0°、±180° 是水平线，±90°、±270° 是垂直线。角度转动按顺时针方向计。

菜单命令：执行"查看"→"辅助线"菜单命令，可开启或关闭辅助线；执行"布局"→"文档选项"菜单命令，打开"选项"对话框，在该对话框中选择"辅助线"选项可对辅助线进行精确设置；执行"查看"→"贴齐"→"辅助线"菜单命令，可贴齐辅助线。

属性栏：单击 ⊞ 按钮，可开启或关闭辅助线。单击 贴齐(I) ▾ 按钮，可勾选辅助线（贴齐辅助线）。

2.6　实例——夏季

1）新建文件。

2）导入电子资料包中"源文件 / 素材 / 第 2 章"文件夹中的文件"夏季 .cdr"，如图 2-48 所示。

3）查看文档属性，如图 2-49 所示。

4）在属性栏中调整页面大小，将长、宽分别设置为 277mm、249mm，使页面尺寸恰好与导入文件的最大范围相同，如图 2-50 所示。

5）为页面设置与文件协调的背景颜色，如设置 RGB 模型的 R 为 227、G 为 255、B 为 235，如图 2-51 所示。

6）分别使用 6 种显示模式观察文件，如图 2-52 所示。

7）将文件保存在"源文件 / 设计作品"文件夹中，命名为"夏季 .cdr"，如图 2-53 所示。

8）将文件导出到"设计作品"文件夹，命名为"夏季 .jpg"，各种参数采用系统默认设置，如图 2-54 所示。

a) 选择命令

b) "导入"对话框

c) 操作结果

图 2-48 导入文件

a) 选择命令

b) "文档属性"对话框

图 2-49　查看文档属性

a) 设置参数

b) 操作结果

图 2-50　调整页面尺寸

a) 选择命令

b) "选项"对话框（背景）

c) 操作结果

图 2-51　设置背景颜色

a) 选择命令　　　　　　　　　　　　　　b) "线框"显示模式

c) "正常"显示模式　　d) "增强"显示模式　　e) "像素"显示模式　　f) "模拟叠印"显示模式　　g) "光栅化复合效果"
　　　显示模式

图 2-52　使用 6 种显示模式观察文件

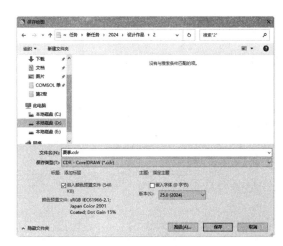

a) 选择命令　　　　　　　　　　　　　b) "保存绘图"对话框

图 2-53　保存文件

a) 选择命令　　　　　　　　　　b)"导出"对话框

c)"导出到 JPEG"对话框

图 2-54　导出文件

9）新建 1 个页面，如图 2-55 所示。

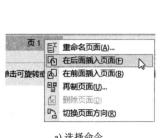

a) 选择命令　　　　　　　　　　b) 操作结果

图 2-55　新建页面

10）将新页面命名为"夏季—位图格式"，如图 2-56 所示。

a) 选择命令　　　　　　b) "重命名页面"对话框　　　　　　c) 操作结果

图 2-56　重命名页面

11）设置水平、垂直、倾斜辅助线各两条，且水平辅助线和垂直辅助线交叉产生的矩形框架尺寸恰与旧页面的尺寸相同，两条倾斜辅助线恰为矩形的两条对角线，如水平辅助线位置为0mm、249mm，垂直辅助线位置为 0mm、277mm，倾斜辅助线用两点式，分别过点（0,249）、（277,0）和（277,249）、（0,0），如图 2-57 所示。

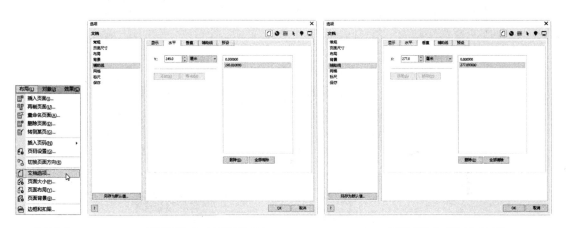

a) 选择命令　　　　b) "辅助线"之"水平"选项卡　　　　c) "辅助线"之"垂直"选项卡

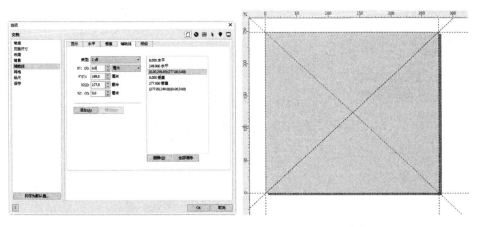

d) "辅助线"之"辅助线"选项卡　　　　　　e) 操作结果

图 2-57　设置辅助线

12）执行"贴齐"→"辅助线"命令，如图 2-58 所示。

图 2-58 "贴齐"执行"辅助线"命令

13）在页面"夏季—位图格式"中导入图片"夏季.jpg"，使图片恰好在辅助线构成的矩形框架中，如图 2-59 所示。

a) 选择命令　　　　　　　　　　b) "导入"对话框

c) 选择导入对象位置　　　　　　　d) 操作结果

图 2-59 导入图片

14）在两个页面间切换，使用缩放工具将文件放大查看，比较图片查看细节（注意观察位图格式与矢量图格式的区别），如图 2-60 所示。

a) 位图   b) 矢量图

图 2-60   查看图片细节

15）制作完成的作品如图 2-61 所示。

图 2-61   制作完成的作品

2.7 思考与练习

一、选择题

1. 可以从 CorelDRAW 2024 的欢迎屏幕开始的操作是（   ）。

    A. 插入页面   B. 打开文件   C. 显示预览   D. 设置辅助线

2. 在 CorelDRAW 2024 中使用非 CorelDRAW 格式的文件应采用的操作是（   ）。

    A. 新建文件   B. 打开文件   C. 导入文件   D. 插入文件

3. 在 CorelDRAW 2024 中，页面背景不包括（   ）选项。

    A. 无背景   B. 纯色   C. 效果   D. 位图

4. 最节约系统资源的显示模式是（　　　）。

　　A. 线框　　　　　　　B. 像素　　　　　　　C. 正常　　　　　　　D. 增强

5. 下列显示模式中，使位图纯单色显示的是（　　　）。

　　A. 像素　　　　　　　B. 线框　　　　　　　C. 正常　　　　　　　D. 增强

6. 在调整面页比例时，若鼠标指针为  形状，按住键盘上的（　　　）键可执行缩小操作。

　　A. Ctrl　　　　　　　B. Shift　　　　　　　C. Alt　　　　　　　D. Enter

7. 单击标尺左上角的 图标，在弹出的辅助工具设置菜单中不包括（　　　）设置。

　　A. 标尺　　　　　　　B. 网格　　　　　　　C. 辅助线　　　　　　D. 动态导线

二、上机操作题

制作如图 2-62 所示的作品"和服女孩 .cdr"。

> ➤ 特别提示

　　使用电子资料包中"源文件 / 素材 / 第 2 章"文件夹中的文件"知心好友 .ai"，参考 2.6
节中的步骤操作。

图 2-62　和服女孩

第 *3* 章　图形的绘制和编辑

人文素养

中国古代第一部纪传体通史《史记》的作者司马迁非常重视实践。在撰写《史记》之前，司马迁游历天下，寻访先人的遗迹。他曾经访问过夏禹的遗迹，眺望过范蠡泛舟的五湖，访求过韩信的故事，访问过刘邦、萧何的故乡，考察了秦军引河水灌大梁的情形……他还北过涿鹿，登长城，南游沅湘，西至崆峒。壮游使他开阔了眼界，增长了知识，也为撰写《史记》打下了坚实的基础。

实践是检验真理的唯一标准，理论要与实际相结合。在图形设计过程中，我们不仅要善于寻找合适的素材，更要勤于动手，注重实践，真正地掌握所学内容。

本章导读

图形是进行艺术创作的基本元素。本章将介绍图形绘制和编辑的相关方法。其中，图形绘制主要包括手绘线条、不规则图形及使用系统工具定制特殊图形，图形编辑则是对现有图形进行修饰和调整。

学习目标

1. 掌握基本线条和艺术线条的绘制方法。
2. 能够使用矩形、椭圆形、多边形等工具绘制复杂图形。
3. 熟练掌握节点、图形的编辑方法和作用。
4. 具备绘制图纸的技能。

3.1　线条的绘制和编辑

3.1.1　直线与折线

工具箱（手绘工具）：单击 ⊹ 图标，弹出如图 3-1 所示的"手绘工具"工具栏。选择 ⊹ 工具，单击绘图区的任意位置，创建线段的起始点，再单击绘图区的其他位置，创建直线的终点，即可完成直线的绘制，如图 3-2 所示。

如果想绘制折线，可将光标移动到直线的终点，此时终点上出现"□"及"节点"字样，如图 3-3 所示。单击绘图区的其他位置，开始折线下一个直线段的绘制，重复操作即可完成整条折线的绘制。

图 3-1　"手绘工具"工具栏

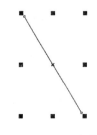

图 3-2　绘制直线

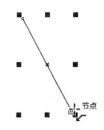

图 3-3　移动光标到直线的终点

工具箱（2 点线工具）：单击 ┶ 图标，弹出如图 3-1 所示的"手绘工具"工具栏。单击其中的 ╱ 图标，鼠标指针变为 ⊹ 形状。单击绘图区的任意位置，按住鼠标左键不放并拖动鼠标，在绘图区的其他位置释放鼠标，即可创建直线段，如图 3-4 所示。

如果想绘制折线，可将光标移动到直线的终点，此时终点上出现"□"及"节点"字样，如图 3-5 所示。按住鼠标左键不放并拖动鼠标，开始折线下一个直线段的绘制，重复操作即可完成整条折线的绘制。

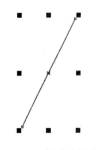

图 3-4　创建直线段

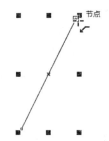

图 3-5　移动光标到直线的终点

工具箱（贝塞尔工具）：单击 ┶ 图标，弹出如图 3-1 所示的"手绘工具"工具栏。单击其中的 ╱ 图标，鼠标指针变为 ⊹ 形状。单击绘图区的任意位置，创建线段的起始点，移动鼠标，起始点显示为 ✳ 形状，如图 3-6 所示。单击绘图区的其他位置，创建一个新节点，如图 3-7 所示。继续上述操作可绘制折线的第二个直线段，如图 3-8 所示。

图 3-6　创建起始点

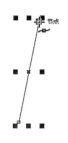

图 3-7　创建新节点

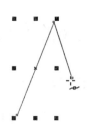

图 3-8　绘制折线第二个直线段

> **操作技巧**
>
> 在使用贝塞尔工具创建节点时，单击或双击均可继续创建下一节点，但是无法自然结束直线或折线的绘制。因此，如果想结束直线或折线的绘制，可单击工具箱里的任意其他工具。

工具箱（钢笔工具）：单击图标，弹出如图 3-1 的“手绘工具”工具栏。单击其中的图标，鼠标指针变为形状。其绘图方法与贝塞尔工具的相似，请读者自行体验。

工具箱（折线工具）：单击图标，弹出如图 3-1 的“手绘工具”工具栏。单击其中的图标，鼠标指针变为如图 3-9 所示的形状。其绘图方法与手绘工具的相似，请读者自行体验。

图 3-9　使用“折线”工具时的鼠标指针形状

> **操作技巧**
>
> 在绘制每一个直线段时，单击起始点后，创建终点的同时按住 Ctrl 键，可以将所绘直线段与水平方向的夹角控制为 15° 的倍数，其中 0° 和 90° 夹角的直线段即为水平线和垂直线。

工具箱（智能绘图工具）：使用智能绘图工具的绘图方法与手绘工具的相近，只是较之手绘工具，智能绘图工具加入了形状识别功能和智能平滑功能。前者是将绘制出的类似于定制图形的图形当作定制图形处理；后者是将绘制时接近于直线的曲线当作直线处理，或者将曲线上小的弯曲去除，当作完整的曲线处理。

单击图标，弹出如图 3-10 所示的“画笔工具”工具栏。单击其中的图标，此时鼠标指针变为如图 3-11 所示的形状，属性栏中显示出如图 3-12 所示的智能绘图工具栏。在属性栏中“形状识别等级”和“智能平滑等级”右侧的下拉列表中可分别选择智能处理等级，等级越高，形状识别和智能平滑的程度越高。

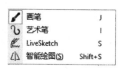

图 3-10　“画笔工具”工具栏

图 3-11　使用智能绘图工具时的鼠标指针形状

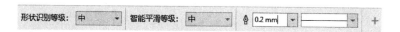

图 3-12　属性栏中的智能绘图工具栏

3.1.2　曲线

工具箱（手绘工具或折线工具）：单击 图标，在弹出的"手绘工具"工具栏中单击 或 图标，鼠标指针变为 或 形状。在绘图区的任意位置按住鼠标左键并拖动，可开始曲线的绘制，在其他位置释放鼠标左键，可结束曲线的绘制。在拖动鼠标时，鼠标指针移动的轨迹即所绘曲线。

使用手绘工具绘制曲线时，绘制中的部分细节并没有体现在绘制完成的曲线中，这是因为使用了"手绘平滑"功能。双击 图标，弹出如图 3-13 所示的"选项"对话框"手绘 / 贝塞尔曲线"选项界面，在其中可设置"手绘平滑""边角阈值""直线阈值""自动连结"4 个选项。

图 3-13　"选项"对话框"手绘 / 贝塞尔曲线"选项

"手绘平滑"是指手绘曲线时，曲线取节点与鼠标指针移动跨度的关系。数值越小，曲线上取点越密，对细节的表现越清晰；数值越大，曲线越圆滑，如图 3-14 所示。

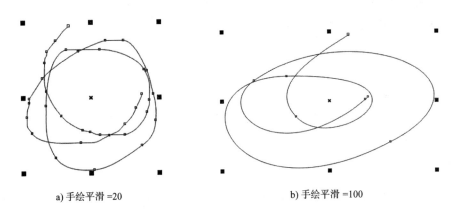

a) 手绘平滑 =20　　　　　　　　　　　b) 手绘平滑 =100

图 3-14　手绘平滑

46

"边角阈值"是指节点边角处的尖锐程度，取值越小，节点越尖；取值越大，节点越圆滑。"直线阈值"是指曲线相对于直线路径的偏移量，在偏移范围内曲线将被当作直线处理，取值越高，绘制的曲线就越接近直线。"自动连结"用于控制自动连接的半径，当两节点的距离低于此值时会被连接，取值越小，能自动连接的距离越小。

工具箱（贝塞尔工具或钢笔工具）：单击 🖉 按钮，在弹出的"手绘工具"工具栏中单击 ✐ 或 ✐ 图标，鼠标指针变为 ✛ 或 ✐× 形状。在绘图区的任意位置按住鼠标左键不放，此处出现曲线的起始点，并出现控制点及控制线，如图 3-15 所示。移动鼠标，控制线随之偏转或伸缩（控制线的方向及长度决定了曲线该点的曲率及与下一个节点的连接方向）。释放鼠标左键，将鼠标指针移动到创建下一个节点的位置。若单击，将创建一个新的节点，并在此节点与上一个节点之间出现设定曲率的曲线；若按住鼠标左键并拖动，控制线的方向及长度会随鼠标的移动而变化，此节点与上一个节点之间的曲线形状也会发生相应改变，如图 3-16 所示。重复上述步骤即可完成曲线的绘制。

图 3-15　控制点及控制线　　　　　图 3-16　曲线形状发生改变

工具箱（智能绘图工具）：请读者参照使用智能绘图工具绘制直线和使用手绘工具绘制曲线的方法自行体验。

工具箱（B 样条工具）：单击 🖉 按钮，在弹出的"手绘工具"工具栏中单击 ✎ 图标，鼠标指针变为如图 3-17 所示的形状。使用控制点，可以轻松塑造曲线形状和绘制 B 样条（通常为平滑、连续的曲线）。B 样条与第一个和最后一个控制点接触，并可在两点之间拉动，但是与贝塞尔曲线上的节点不同，当要将曲线与其他绘图元素对齐时，控制点不能指定曲线穿过的节点。与线条接触的控制点称为夹住控制点，夹住控制点与锚点的作用相同。拉动线条但不与其接触的控制点称为浮动控制点。第一个和最后一个控制点总是夹在末端开放的 B 样条上。默认情况下，这些点位于浮动控制点之间，但如果想在 B 样条中创建尖突线条或直线，可以夹住这些点。用户可以使用控制点编辑完成的 B 样条。

工具箱（3 点曲线工具）：单击 🖉 按钮，在弹出的"手绘工具"工具栏中单击 ✐ 图标，鼠标指针变为如图 3-18 所示的形状。在绘图区的任意位置按下鼠标左键并移动至另一点，释放鼠标左键。移动鼠标指针，屏幕上出现以按下鼠标左键位置作为起始点，以释放鼠标左键位置为终点，以当前光标位置为中点的曲线。在移动鼠标指针的过程中，曲线的形状会不断变化。当显示理想的曲线时，单击即可确定曲线的形状。

图 3-17　使用"B 样条"工具时的鼠标指针形状　图 3-18　使用"3 点曲线"工具时的鼠标指针形状

3.2　艺术线条绘制

在 CorelDRAW 2024 中，有一种特别的线条绘制工具——艺术线条绘制。使用此工具，可以绘制线形粗细和笔触形状不同的封闭曲线，并在其轮廓内构建特殊的填充效果，如预设图案填充等。艺术笔工具有预设、画笔、喷涂、书法和表达式 5 种模式可供选择。

3.2.1　预设线条

工具箱和属性栏：单击工具箱画笔工具中的🖊图标，鼠标指针变为如图 3-19 所示的形状，属性栏变为如图 3-20 所示。在绘图区的任意位置按下鼠标左键并拖动鼠标指针一段距离，鼠标指针移动的路径显示为黑色实线，如图 3-21 所示。然后释放鼠标，绘制出与原黑色实线轮廓近似的黑色粗线，如图 3-22 所示。

图 3-19　艺术笔工具的鼠标指针形状

图 3-20　"艺术笔预设"属性栏

图 3-21　鼠标指针移动的路径

图 3-22　绘制黑色粗线

黑色实线与黑色细线的路径是一致的，它与黑色细线轮廓的区别受"笔触"的影响。图 3-23 所示为 CorelDRAW 2024 中预设的笔触造型。在"艺术笔预设"属性栏中可以设置艺术笔的手绘平滑度和笔触宽度。手绘平滑度可以直接在文本框中输入数值，也可以单击文本框右侧的 ➕ 按钮，拖动如图 3-24 所示的手绘平滑条上的滑块来设置。手绘平滑值在 0 ~ 100 之间，数值越小，显示出的线条越接近鼠标指针实际运动的路径；数值越大，线条看起来越平滑。"笔触宽度"可以在"艺术笔预设"属性栏的第二个文本框中设置。

泊坞窗：执行"窗口"→"泊坞窗"→"效果"→"艺术笔"菜单命令，打开如图 3-25 所示的"艺术笔"泊坞窗。绘制线条后，可选择泊坞窗下方下拉列表中的笔触修改曲线轮廓。

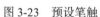

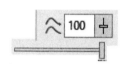

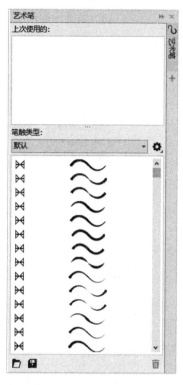

图 3-23　预设笔触　　　图 3-24　手绘平滑条　　　图 3-25　"艺术笔"泊坞窗

3.2.2　画笔线条

工具箱和属性栏：单击工具箱画笔工具中的♂图标，激活艺术笔工具，鼠标指针变为如图 3-19 所示的形状，属性栏变为如图 3-20 所示。单击属性栏中的▮图标，属性栏变为如图 3-26 所示，在该图标右侧的笔刷下拉列表中选择笔刷样式（图 3-27 所示为 CorelDRAW 2024 的部分预设笔刷艺术笔样式），即可以与预设模式同样的方法绘制线条。

图 3-26　"笔刷艺术笔样式"属性栏

图 3-27　CorelDRAW 2024 部分预设笔刷艺术笔样式

除了系统预设的笔刷样式，用户还可以自行选择更多的样式，方法是在属性栏中单击▯图标，在弹出的"请选择要使用的路径"对话框（见图 3-28）中选择预设样式路径，并单击"选择文件夹"按钮。

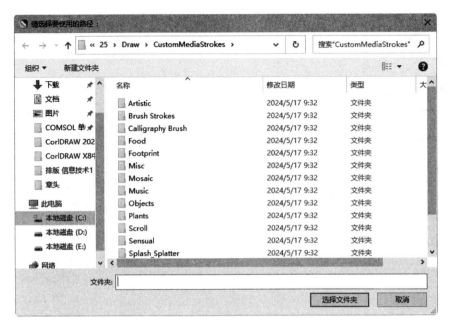

图 3-28 "请选择要使用的路径"对话框

3.2.3 喷涂线条

工具箱和属性栏：使用工具箱激活艺术笔工具，单击艺术笔工具属性栏中的 图标，属性栏变为如图 3-29 所示，在下拉列表中选择喷涂样式（图 3-30 所示为 CorelDRAW 2024 部分预设喷涂艺术笔样式），以与预设模式同样的方法绘制线条。

图 3-29 "艺术笔对象喷涂"属性栏

图 3-30 CorelDRAW 2024 部分预设喷涂艺术笔样式

 可用于设置要喷涂对象的大小，数值用于表示实际喷涂时的大小与系统预设大小的百分比。

类别列表 与喷射图样列表 的使用方法同预设线条。

单击属性栏中的 图标，打开如图 3-31 所示的"创建播放列表"对话框，在其中可以选择构成喷涂效果的基本对象的组合方式。

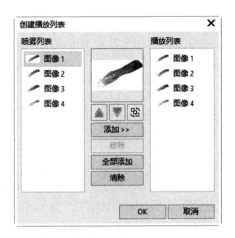

图 3-31 "创建播放列表"对话框

单击 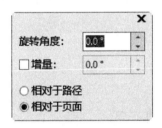 /  图标可以锁定或解锁对象的纵横比。

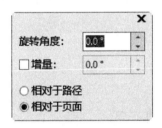  可用于设置喷涂时使用的基本对象的排列方式。在下拉列表中可选择排列方式，包括"随机""顺序""按方向"3 种，具体效果请读者自行体验。在更改排列方式后，图标处于激活状态，单击此图标，可将当前选择的效果添加到预设方案中。

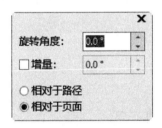 可用于设置喷涂时使用的小块颜料间距， 图标后文本框中的数值越大，喷涂时使用的基本对象看起来越复杂，实际上是叠加的层次更多。 图标后文本框中的数值越大，喷涂时使用的基本对象之间的间距越大。

单击 图标，弹出如图 3-32 所示的"旋转"操作界面，可以将喷涂的基本对象进行旋转。

单击 图标，弹出如图 3-33 所示的"偏移"操作界面，也是针对喷涂基本对象的操作。

单击 图标，缩放时可为喷涂线条宽度应用变换。

图 3-32 "旋转"操作界面

图 3-33 "偏移"操作界面

3.2.4 书法线条

工具箱和属性栏：使用工具箱激活艺术笔工具，单击艺术笔工具属性栏中的 按钮，属性栏变为如图 3-34 所示。

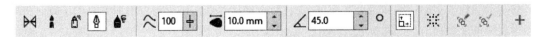

图 3-34 "艺术笔书法"属性栏

51

属性栏中的第一个文本框可用于设置手绘平滑度，其方法与预设线条相同。第二个文本框可用于设置笔画的宽度。最后一个文本框可用于设置书法线条结束位置的笔触角度。

3.2.5 表达式线条

工具箱和属性栏：使用工具箱激活艺术笔工具，单击艺术笔工具属性栏中的 按钮，属性栏变为如图 3-35 所示。

图 3-35 "表达式艺术笔样式"属性栏

属性栏中的第四个文本框可用于设置手绘平滑度，其使用方法与预设线条的相同。第一个文本框可用于设置笔画的宽度。

3.3 线条形态编辑

3.3.1 移动节点

工具箱：单击工具箱中的 图标，鼠标指针变为 形状，选定要编辑的线条（选定的是 B 样条时鼠标指针变为 形状，选定的是其他线条时鼠标指针变为 形状），此时所选线条的节点、控制点和控制线将全部显示出来。将鼠标指针移动到要编辑的节点上，在 B 样条的节点上鼠标指针为 形状，在其他线条的节点上鼠标指针为 形状，按住鼠标左键并拖动节点到任意位置后释放鼠标左键，所选节点即可被移动到释放鼠标左键时指针停放的位置。线条形状可通过移动节点的位置而发生改变，如图 3-36 所示。

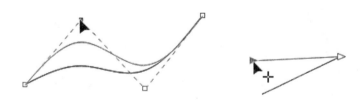

图 3-36 移动节点位置改变曲线形状

3.3.2 增加与删除节点

属性栏：单击工具箱中的 图标，选定要编辑的线条，若想删除节点，可单击要删除的节点，再单击属性栏中的"删除节点"图标 ；若想增加节点，可单击要增加节点的位置，再单击属性栏中的"添加节点"图标 。

右键快捷菜单：用"形状工具"选定要删除的节点，或单击要增加节点的位置，然后右击，弹出如图 3-37 所示的右键快捷菜单，执行"删除"或"添加"命令（B 样条不能用此方式添加或删除节点）。

> ➤ 操作技巧
>
> 使用"形状工具"时，双击曲线上的节点可将其删除，双击曲线上非节点的位置可在该位置增加节点。

图 3-37　右键快捷菜单

3.3.3　连接节点与拆分曲线

属性栏：连接节点时，先将两根线条进行合并，再用"形状工具"选定两个要连接的节点（按住 Ctrl 键单击选定第二点），单击 图标，即可将选定的两个端点连接在一起，如图 3-38 所示。分割曲线时，先用"形状工具"选定要分割的位置，再单击 图标，曲线即可被分割为两段，此时可拖动其中的一端查看效果，如图 3-39 所示。

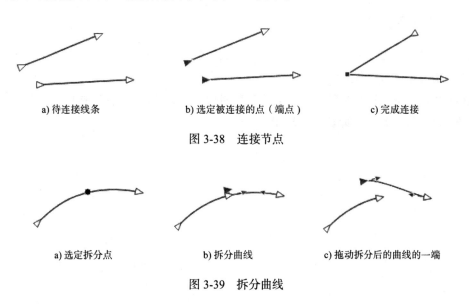

a) 待连接线条　　　　b) 选定被连接的点（端点）　　　　c) 完成连接

图 3-38　连接节点

a) 选定拆分点　　　　b) 拆分曲线　　　　c) 拖动拆分后的曲线的一端

图 3-39　拆分曲线

> ▶ **特别提示**
> 使用"节点连接"能够连接的节点必须是线条的起始点或终点，对于其他节点无效。

右键快捷菜单：用"形状工具"选定要连接的点或要拆分的位置，右击，弹出如图 3-37 所示的右键快捷菜单，执行"连接"或"拆分"命令。

3.3.4 曲线直线互转

属性栏：用"形状工具"选定曲线上的一个或多个节点，单击 ⟋ 图标可完成曲线到直线的转换，单击 ⟋ 图标可完成直线到曲线的转换，如图 3-40 和图 3-41 所示。

右键快捷菜单：用"形状工具"选定曲线上的一个或多个点，右击，弹出如图 3-37 所示的右键快捷菜单，执行"到直线"或"到曲线"命令。

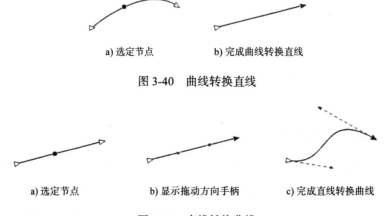

a) 选定节点　　　　　　　　b) 完成曲线转换直线

图 3-40　曲线转换直线

a) 选定节点　　　　b) 显示拖动方向手柄　　　　c) 完成直线转换曲线

图 3-41　直线转换曲线

3.3.5 节点尖突、平滑与对称

属性栏：用"形状工具"选定曲线上的一个或多个点，单击 ⟋、⟋ 或 ⟋ 图标可完成节点尖突、节点平滑和生成对称节点的操作。

"节点尖突"和"节点平滑"是节点的两种对应状态，"节点对称"指的是节点控制线对称，而不是创建新的节点，如图 3-42 所示。

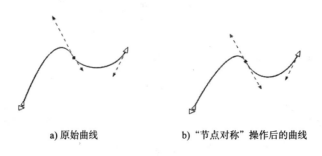

a) 原始曲线　　　　　　b) "节点对称"操作后的曲线

图 3-42　"节点对称"操作

右键快捷菜单：用"形状工具"选定要编辑形态的节点，右击，弹出如图 3-37 所示的右键快捷菜单，执行"尖突""平滑"或"对称"命令。

快捷键：节点尖突与节点平滑互相转换的快捷键是用"形状工具"选定要编辑的节点后按 {C} 键，节点对称的快捷键是用"形状工具"选定要编辑的节点后按 {S} 键。

3.3.6　曲线方向反转与子路径提取

"反转子路径"（即反转曲线方向）是指将曲线的起始点和终点互换。将此操作应用在带箭头的曲线上，箭头位置将从曲线的一端移动到另一端，如图 3-43 所示。

a) 原始带箭头曲线　　　　　　　　　　b) "反转曲线方向"操作后的曲线

图 3-43　"反转曲线方向"操作

"提取子路径"操作用于从组合后的对象中提取原对象，从而进一步进行属性编辑、位置移动等操作。

属性栏：反转曲线方向的方法是用"形状工具"选定曲线，单击 图标；提取子路径的方法是用"形状工具"选定组合后的对象，单击 图标。

右键快捷菜单：反转曲线方向的方法是用"形状工具"选定曲线，右击，在弹出的右键快捷菜单中执行"反转子路径"命令。

3.3.7　曲线闭合

曲线闭合是将曲线的首尾连接在一起，成为闭合曲线，如图 3-44 所示。曲线闭合包括"延长曲线使之闭合"和"自动闭合曲线"两种操作。

a) 原始曲线　　　　　　　　　　　　b) "曲线闭合"操作后的曲线

图 3-44　"曲线闭合"操作

属性栏：延长曲线使之闭合的方法是用"形状工具"选定曲线的两个端点，单击 图标；自动闭合曲线的方法是用"形状工具"选定曲线，单击 图标。

右键快捷菜单：自动闭合曲线的方法是用"形状工具"选定曲线，右击，在弹出的右键快捷菜单中执行"闭合曲线"命令。

3.3.8 伸长和缩短节点连线

属性栏：用"形状工具"选定曲线上的节点，单击 图标，被选定的节点周围出现 8 个与对象缩放相同的控制点。用鼠标拖动控制点可使选定节点与其两侧相邻节点间的曲线段达到与对象缩放操作相同的效果，如图 3-45 所示。

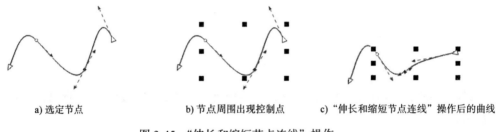

a) 选定节点　　　　b) 节点周围出现控制点　　　　c)"伸长和缩短节点连线"操作后的曲线

图 3-45　"伸长和缩短节点连线"操作

3.3.9 旋转和倾斜节点连线

属性栏：用"形状工具"选定曲线上的节点，单击 图标，被选定的节点周围出现与对象旋转、倾斜相同的控制点。用鼠标拖动控制点可使选定节点与其两侧相邻节点间的曲线段达到与对象旋转或倾斜操作相同的效果，如图 3-46 所示。

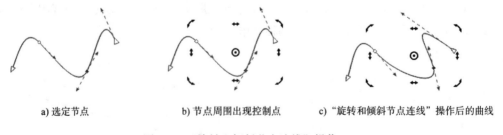

a) 选定节点　　　　b) 节点周围出现控制点　　　　c)"旋转和倾斜节点连线"操作后的曲线

图 3-46　"旋转和倾斜节点连线"操作

3.3.10 节点对齐

属性栏：用"形状工具"选定曲线上两个或两个以上节点，单击 图标，弹出如图 3-47 所示的"节点对齐"对话框。通过选择"水平对齐""垂直对齐""对齐控制点"复选框可选择对齐种类（允许同时选择一种或多种对齐方式），单击"OK"按钮，被选定的节点将以最后选择的节点为基础对齐，如图3-48所示。

图3-47 "节点对齐"对话框

a) 选定节点

b) "节点对齐"操作后的曲线

图3-48 "节点对齐"操作

3.3.11 节点反射

节点反射是作用于编辑节点的一种特殊模式。在节点反射模式下，拖动某一选定的节点，其他选定的节点会按指定的反射方向（水平或垂直方向）进行相反方向的移动。

属性栏：选定两个或两个以上节点，⊪、⊟ 图标处于激活状态，单击两图标之一（或两个）使其处于选定状态，拖动某一选定的节点，其他节点会在水平或垂直方向上（或水平和垂直方向）向相反的位置移动。

3.3.12 弹性模式

弹性模式是作用于编辑节点的一种特殊模式。在移动节点时，非选定节点会随选定节点的移动做不同尺度的移动，表现出类似"弹性"的状态。

属性栏：选定要编辑的节点，单击▒图标，拖动要编辑的节点，其他节点将随之变化。

3.3.13 选择所有节点

选择所有节点的作用是更方便快捷地选择所有节点。

属性栏：选定要编辑的曲线，单击▒图标，即可选中所有的节点。

3.4 几何图形绘制

3.4.1 矩形与正方形

工具箱（"矩形"工具）：单击▢图标，弹出如图3-49所示的"矩形工具"工具栏。单击其中的▢图标，鼠标指针变为如图3-50所示。在绘图区内任意位置按住鼠标左键不放，拖动一段距离后释放鼠标，即可在绘图区内绘制出以按下鼠标点和释放鼠标点为相对顶点的矩形。

> ➤ **操作技巧**
>
> 使用"矩形"工具绘制矩形时，在拖动鼠标的同时按住Ctrl键，绘制的图形为正方形，正方形的边长为按下鼠标点与释放鼠标点的横向、纵向距离中较大者。

57

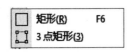

图 3-49 "矩形工具"工具栏

图 3-50 使用"矩形"工具时的鼠标指针

工具箱("3 点矩形"工具）：单击▢图标，弹出如图 3-49 所示的"矩形工具"工具栏。单击其中的▢图标，鼠标指针变为如图 3-51 所示。在绘图区内任意位置按住鼠标左键不放，拖动一段距离后释放鼠标，即可在绘图区内绘制出以按下鼠标点和释放鼠标点为端点的一条直线，再移动光标到此直线以外的位置，移动光标的过程中会出现以直线为一边、其对边过光标所在位置的矩形，单击，完成绘制。

图 3-51 使用"3 点矩形"工具时的鼠标指针

▶ **特别提示**

单击▢图标后按住 Shift 键绘制矩形，绘制出的矩形将以按下鼠标点为中心，释放鼠标点为一顶点。

快捷键：{F6}。

▶ **操作技巧**

绘制某边为水平的矩形时一般使用"矩形"工具，绘制各条边均非水平或垂直的矩形时一般使用"3 点矩形"工具。

3.4.2 圆角（扇形切角、倒角）矩形

"圆角（扇形切角、倒角）矩形"准确地说并非矩形，而是矩形的边角经过变化后形成的图形。由于在 CorelDRAW 2024 中可以通过编辑矩形得到此图形，因此将其称为"圆角（扇形切角、倒角）矩形"。图 3-52 所示为圆角、扇形切角、倒角矩形。

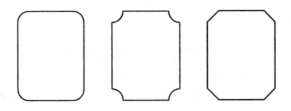

图 3-52 圆角、扇形切角和倒角矩形

属性栏：选定已绘制的矩形，属性栏中显示出如图 3-53 所示的矩形编辑栏，改变文本框里的数值可改变矩形边角的圆滑度。默认状态下，矩形 4 个角的圆滑度是相同的。单击文本框右

侧的🔒图标，解除锁定，即可分别更改 4 个文本框中的数值以取得各个角不同的圆滑效果。圆滑度文本框中的数值在 0～100 的范围内有效，数值越大，矩形的角越圆滑。图 3-54 所示为圆滑度分别为 0mm、5mm、10mm、30mm 的 4 个矩形。

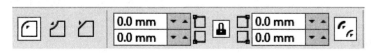

图 3-53　属性栏中的矩形编辑栏

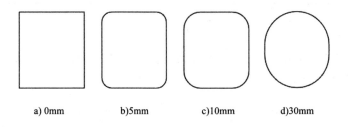

a) 0mm　　　　b)5mm　　　　c)10mm　　　　d)30mm

图 3-54　边角圆滑度值不同的矩形

泊坞窗：执行"窗口"→"泊坞窗"→"角"菜单命令，打开如图 3-55 所示的"角"泊坞窗。选定要编辑的矩形，在"角"下方可选择操作类型，在"半径"右侧的文本框中可设置操作范围。单击"应用"按钮，当设置的操作半径大于可操作边缘长度的一半时，会弹出如图 3-56 所示的提示框，单击"OK"按钮，可在更改操作半径后再执行命令。

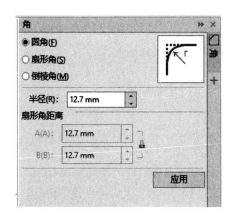

图 3-55　"圆角 / 扇形角 / 倒棱角"泊坞窗

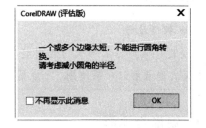

图 3-56　操作半径过大提示框

3.4.3　椭圆形与圆形

工具箱（"椭圆形"工具）：单击◯图标，弹出如图 3-57 所示的"椭圆形工具"工具栏。单击其中的◯图标，鼠标指针变为如图 3-58 所示。在绘图区内任意位置按住鼠标左键不放，拖动一段距离后释放鼠标，即可在绘图区内绘制出一个椭圆形，按下鼠标点和释放鼠标点为此椭圆形的外切矩形的相对顶点。

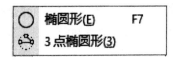

图 3-57 "椭圆形工具"工具栏 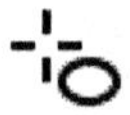　　　　图 3-58 使用"椭圆形"工具时的鼠标指针

> ➤ **操作技巧**

绘制椭圆形时，在拖动鼠标的同时按住 Ctrl 键，绘制的图形为圆形，圆形的直径为按下鼠标点与释放鼠标点的横向、纵向距离中较大者。

> ➤ **特别提示**

单击 ◯ 图标后，按住 Shift 键绘制椭圆形，绘制出的椭圆形将以按下鼠标点为中心，释放鼠标点为其外切矩形的一个顶点。

工具箱（"3 点椭圆形"工具）：单击 ◯ 按钮，弹出如图 3-57 所示的"椭圆形工具"工具栏。单击其中的 ✎ 图标，鼠标指针变为如图 3-59 所示。在绘图区内任意位置按住鼠标左键不放，拖动一段距离后释放鼠标，绘图区内将显示出以按下鼠标点和释放鼠标点为端点的一条直线，再移动光标到此直线以外的位置，移动光标的过程中会出现以直线为一条对称轴、另一条对称轴的半轴长度与光标所在位置到原对称轴的距离相等的椭圆形，单击，完成绘制。

图 3-59 使用"3 点椭圆形"工具时的鼠标指针

快捷键：{F7}。

> ➤ **操作技巧**

绘制对称轴为水平线的椭圆形时一般使用"椭圆形"工具，绘制各条对称轴均非水平或垂直的椭圆形时一般使用"3 点椭圆形"工具。

3.4.4　饼形与弧形

属性栏：选定椭圆形时，属性栏中会显示出如图 3-60 所示的椭圆形编辑栏，用于在椭圆形的基础上创建饼形和弧形。单击 ◔ 图标，可将椭圆形或弧形切换为饼形；单击 ◡ 图标，可将椭圆形或饼形切换为弧形；单击 ◯ 图标，可将饼形或弧形切换为椭圆形。

图 3-60　属性栏中的椭圆形编辑栏

当图形设置为饼形或弧形时，可更改上、下两个文本框中的数值，分别设置图形的起始和终止角度；⏱图标也处于激活状态，用于创建与当前图形起始点与终点恰好相反的图形，也就是当前图形的互补图形。

3.4.5 多边形

工具箱：单击◯按钮，弹出如图 3-61 所示的"多边形工具"工具栏。单击其中的◯图标，鼠标指针变为如图 3-62 所示。在绘图区内任意位置按住鼠标左键不放，拖动一段距离后释放鼠标，即可在绘图区内绘制出多边形。

图 3-61　"多边形工具"工具栏

图 3-62　使用"多边形"工具时的鼠标指针

在默认状态下绘制的多边形为五边形，如果想改变其边数，可先选定多边形，然后改变属性栏中◯图标后的文本框中的数字，如图 3-63 所示。其有效范围为 3 ~ 500，即可直接绘制边数为 3 ~ 500 的多边形。

图 3-63　属性栏中的多边形边数文本框

3.4.6 星形

星形分为"星形"和"复杂星形"两种，两种图形的区别如图 3-64 所示，前者是星形的外轮廓线，后者包括星形各个顶点的连线。

图 3-64 "星形"与"复杂星形"

工具箱：单击 ◯ 图标，弹出如图 3-61 的"多边形工具"工具栏。单击其中的 ☆ 图标，鼠标指针变为如图 3-65 所示。在绘图区内任意位置按住鼠标左键不放，拖动一段距离后释放鼠标，即可在绘图区内绘制出星形。

图 3-65 使用"星形"工具时的鼠标指针

属性栏：属性栏中的 ☆ ✿ 可以分别用来绘制星形或复杂星形。在默认状态下绘制的星形为五角星，复杂星形为九角星，如果想改变其角数，可先选定星形或复杂星形，然后改变属性栏中 ✿ 图标后文本框中的数字，如图 3-66 所示。其有效范围为 3 ~ 500，即可直接绘制 3 ~ 500 个角的星形或复杂星形。属性栏中 ▲ 图标后的文本框用于编辑星形或复杂星形的锐度，其数值为 1 ~ 99，数值越大，星形或复杂星形的角越尖。

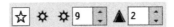

图 3-66 属性栏中的星形编辑栏

> ➤ **操作技巧**
>
> 使用绘制星形（或复杂星形）的方法，在拖动鼠标时按住 Ctrl 键，绘制的图形为正星形（或正复杂星形）。

3.4.7 螺纹

使用 CorelDRAW 2024 可绘制对称形和对数形两种螺纹，如图 3-67 所示。对称形螺纹各回圈之间的距离相同，对数形螺纹各回圈之间的距离不同，差异随螺纹扩展参数的增大而增大。

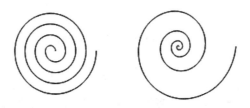

图 3-67 对称形螺纹和对数形螺纹

工具箱和属性栏：单击  按钮，弹出如图 3-61 的"多边形工具"工具栏。单击其中 ⓒ 图标，鼠标指针变为如图 3-68 所示，属性栏中显示出如图 3-69 所示的螺纹编辑栏。在属性栏 ⓒ# 图标后面的文本框中可设置螺纹的回圈数，单击 ◎ 和 ◎ 图标可在对称式和对数式之间切换螺纹的形状。

当选择对数式螺纹时， |◎ 图标后的螺纹扩展参数滑块及文本框处于激活状态，可拖动滑块或改变文本框中的数值（可选择 1～100 内的任意整数），设置螺纹不同回圈中的距离变化。

在绘图区内任意位置按住鼠标左键不放，拖动一段距离后释放鼠标，即可在绘图区内绘制出螺纹。

图 3-68 使用"螺纹"工具时的鼠标指针　　　　图 3-69 属性栏中的螺纹编辑栏

> ➤ **操作技巧**
> 使用绘制螺纹的方法，在拖动鼠标时按住 Ctrl 键，绘制的图形为标准圆形螺纹。

3.4.8 其他图形

除了前面章节中介绍过的图形外，使用 CorelDRAW 2024 还能够方便地绘制出一些基本形状、箭头形状、流程图形状、条幅形状和标注形状。

工具箱和属性栏：单击 ◯ 图标，弹出如图 3-61 所示的"多边形工具"工具栏。单击"常见的形状"图标 ▱，鼠标指针变为如图 3-70 所示，单击属性栏中的常用形状图标 ▱，弹出如图 3-71 所示的选项列表。

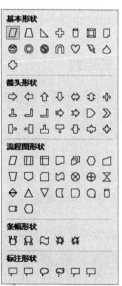

图 3-70 使用"常见的形状"工具时的鼠标指针　　　　图 3-71 "常用形状"选项列表

在选项列表中选择需要的形状，按住鼠标左键，移动一段距离后再释放鼠标即可进行绘制。绘制完成后的绝大多数图形中都会出现红色的节点，表示此节点可调节。图 3-72 所示为调节😊图形中红色节点生成的一些效果图。其他图形请读者自行试用。

图 3-72　调节 😊 图形中红色节点生成的效果图

3.5　图纸绘制

3.5.1　网格

工具箱和属性栏：单击◯图标，弹出如图 3-61 所示的"多边形工具"工具栏。单击其中的▦图标，鼠标指针变为如图 3-73 所示，属性栏中显示出如图 3-74 所示的图纸编辑栏。在图纸编辑栏的文本框中设置所绘网格的行数和列数，在绘图区内任意位置按住鼠标，拖动一段距离后释放鼠标，即可在绘图区内绘制出网格。

图 3-73　使用"图纸"工具时的鼠标指针

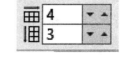

图 3-74　属性栏中的图纸编辑栏

3.5.2　交互式连线

交互式连线工具可用于连接对象的线条，在移动连接的对象时，线条会随之自动移动或伸缩，保持原对象的连接状态。

> ➤ **特别提示**
>
> 交互式连线工具在工业设计中应用非常广泛，如应用于电路板设计、管线设计等需要节点保持连通并会经常修改节点位置的场合。

工具箱和属性栏：在工具箱中单击◥图标，弹出如图 3-75 所示的"直线连接器工具"工具栏。单击其中的◥图标，激活"直线连接器"，鼠标指针变为如图 3-76 所示，在要连接的两个对象中的一个节点上开始连线的位置按住鼠标左键不放，将光标移动到另一个对象上要连线的位置，释放鼠标，即可在两对象之间绘制出连线。

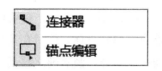

图 3-75　"直线连接器工具"工具栏 　　　　　图 3-76　使用"直线连接器"工具时的鼠标指针

3.5.3　度量标注

工具箱和属性栏：在工具箱中单击 ✎ 图标，弹出如图 3-77 所示的"尺度工具"工具栏。单击其中的 ✎ 图标，激活"平行度量"工具，属性栏变为如图 3-78 所示，可以在属性栏中对其进行设置。同理，单击 ┗、 ╲、 ╲ 和 ✎ 图标，可依次激活"水平或垂直度量""角度尺度""线段度量""2 边标注"工具。

图 3-77　"尺度工具"工具栏

图 3-78　属性栏中的平行度量工具编辑栏

平行、水平或垂直度量工具可确定度量的方向，免去选择方向的过程。选择一种工具后可以继续使用属性栏设置标注的进位制、精度、单位，并为标注内容添加前缀和后缀等；也可直接单击要度量位置的起始点，然后移动鼠标指针，此时在度量线段的平行方向上会出现一条随鼠标指针移动的带箭头线段，这条带箭头线段就是用于标注的引线，将其移动到适当的位置单击，系统就会自动标注出度量部分的长度。

属性栏中的 ╳ 图标可用于选择标注的样式，单击此图标，会出现如图 3-79 所示的标注样式列表，在其中可选择合适的样式。

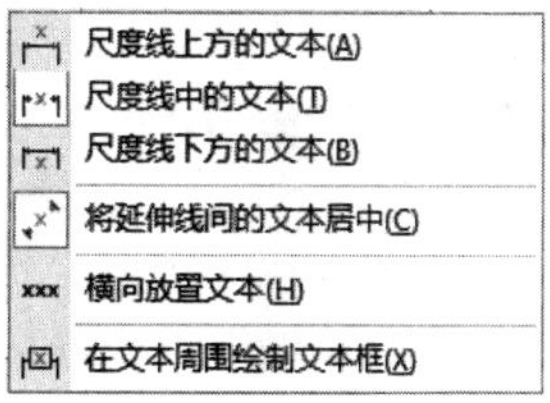

图 3-79　标注样式列表

▶ **特别提示**

使用度量标注工具初次单击的位置会影响到与标注线垂直的指示线的起始位置，最后一次单击的位置会影响到标注文字的位置。

标注工具用于在图上画出引线并标注文字。单击 ✎ 图标，鼠标指针变为如图 3-80 所示。在要标出释义的位置单击并按住鼠标左键不放，可确定引线起始位置，将鼠标指针移动到引线的节点位置释放鼠标，再移动鼠标指针到引线的结束位置单击，可构成 2 段的引线；或者释放鼠标后直接双击，可构成 1 段的引线。结束引线后，鼠标指针变为如图 3-81 所示，此时可输入需标注的文字。

图 3-80　使用标注工具时的鼠标指针　　　　　图 3-81　使用标注工具输入文字时的鼠标指针

角度尺度工具用于角度的度量和标注。单击 ⌐ 图标，激活角度量工具。在要度量角的顶点单击并按住鼠标左键不放，当鼠标指针线与角的一边重合时释放鼠标，然后在角的另一边单击，此时角内出现一个圆弧，可用于标注角的度数。移动鼠标指针，圆弧随之移动，将其移到适当的位置单击，系统即可自动度量角的度数并进行标注。

线段度量工具用于线段的度量和标注。单击 ⌑ 图标，激活线段度量工具，单击要测量的线段，将鼠标指针移动至要放置尺寸线的位置，然后在要放置尺寸文本的位置单击即可完成标注。

> **➤ 操作技巧**
>
> 在使用度量标注工具时，如果需改变标注文字的字号，可单击工具箱中的 字 按钮，激活文本工具，在属性栏中更改字号。

> **➤ 特别提示**
>
> 在标注完成后改变被标注对象的尺寸，标注值会随之发生变化，其始终标注的是当前值。

3.6 几何图形编辑

3.6.1 对象平滑

平滑操作是指使对象沿其轮廓变得平滑。对线条、曲线及对象的轮廓，平滑效果受笔尖大小、速度及笔尖的压力参数影响。

工具箱：单击 ↖ 图标，在弹出的"形状工具"工具栏中单击 ✐ 图标，鼠标指针变为 ⊕ 形状，属性栏变为如图 3-82 所示状态。属性栏中的 3 个文本框分别用于设置笔刷的笔尖大小、效果的速度和笔尖压力等参数。具体效果请读者自行体验。

图 3-82 使用"平滑笔刷"时的属性栏

3.6.2 对象涂抹

将涂抹工具应用于对象时，无论是激活图形蜡版笔控制还是使用应用于鼠标的设置，都可以控制变形的范围和形状。图 3-83 所示为拖动矩形时，从矩形外部开始涂抹矩形后生成的效果。可以把待涂抹的对象想象成用蜡版画出的图画，把涂抹的过程想象成使用削成斜面的硬笔在蜡版上滑过，笔尖的宽度、倾斜度及笔尖压力都会影响涂抹的效果。

涂抹产生的效果有助于增加绘图的自然性和随意性，并在色彩调和上有较强的表现力。

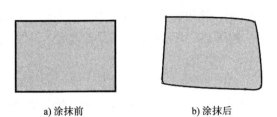

a) 涂抹前   b) 涂抹后

图 3-83 "涂抹" 操作

工具箱：选定要涂抹的对象，单击 ✎ 按钮，在弹出的"形状工具"工具栏中单击 ▷ 图标，鼠标指针变为 ⊙ 形状，属性栏变为如图 3-84 所示。属性栏中的 4 个文本框分别用于设置笔尖大小、在效果中添加的水分浓度、斜移固定值和方位（这些数值对效果的影响请读者自行体验）。在开始涂抹的位置按住鼠标左键不放，鼠标移动的路径即涂抹的路径，释放鼠标后结束涂抹。涂抹过程中留下的颜色为涂抹开始时鼠标覆盖处的颜色。

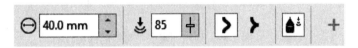

图 3-84 使用"涂抹笔刷"时的属性栏

> ➤ **操作技巧**
>
> 涂抹操作只适用于曲线对象。

3.6.3 对象转动

转动工具 ◉ 是一种矢量造型工具，可以为对象添加转动效果。在设计造型时可以设置转动效果的半径、速率和方向，还可以使用压力来更改转动效果的强度。

工具箱：使用选择工具选定要添加转动的对象，如图 3-85 所示。在工具箱中选中 ◉ 工具，鼠标指针显示为 ⊙ 形状，此时的属性栏如图 3-86 所示。单击对象的边缘，然后按住鼠标左键不放，完成对象的转动，结果如图 3-87 所示。

若要定位和重塑转动，可以在按住鼠标左键的同时拖动。

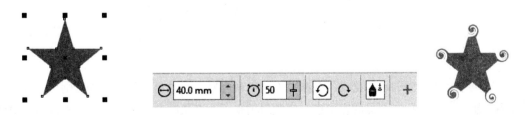

图 3-85 选定要添加转动的对象   图 3-86 使用"转动工具"时的属性栏   图 3-87 转动对象

在属性栏上的笔尖半径文本框 ⊖ 40.0mm ↕ 中输入一个值，可设置转动效果的半径；在属性栏上的速率文本框 ◔ 50 ↕ 中拖动滑块或输入 1 ~ 100 之间的值，可设置应用转动效果的速率；

单击属性栏上的"笔压"按钮 ▲⁑，使用数字笔的压力可控制转动效果的强度；单击"逆时针旋转"按钮 ↺ 或"顺时针旋转"按钮 ↻，可设置转动效果的方向。

3.6.4 对象吸引

吸引工具可通过将节点吸引到光标处为对象造型。为了控制造型效果，可以改变笔刷笔尖大小及吸引节点的速度，还可以使用数字笔的压力。

工具箱：使用选择工具选定要吸引节点的对象，如图 3-88 所示。在工具箱中选中 ⟮⟯ 工具，鼠标指针显示为 ⊙ 形状，此时的属性栏如图 3-89 所示。

单击对象内部或外部靠近其边缘处，然后按住鼠标左键可以重塑边缘。若要得到更加显著的效果，可在按住鼠标左键的同时进行拖动。吸引效果如图 3-90 所示。

图 3-88　选定要吸引节点的对象　　图 3-89　使用"吸引工具"时的属性栏　　图 3-90　吸引效果

在属性栏上的笔尖半径文本框 ⊖ 10.0 mm ⌄ 中输入一个值，可设置笔刷笔尖的半径；在属性栏上的速率文本框 ⟳ 20 ✛ 中拖动滑块或输入数值，可设置应用效果的速率；单击属性栏上的"笔压"按钮 ▲⁑，可使用数字笔的压力来控制效果。

3.6.5 对象排斥

对象排斥是指通过将节点推离光标处调整对象的形状。为了控制造型效果，可以改变笔刷笔尖大小及排斥节点的速度，还可以使用数字笔的压力。

工具箱：单击 ⬏ 图标，在弹出的"形状工具"工具栏中单击 ⟮⟯ 图标，鼠标指针变为 ⊙ 形状，属性栏变为如图 3-91 所示。属性栏中的 3 个文本框分别用于设置笔刷的笔尖大小、排斥效果的速度和笔尖压力等参数。具体效果请读者自行体验。

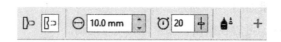

图 3-91　使用"排斥笔刷"时的属性栏

3.6.6 弄脏

弄脏是指沿对象的轮廓拖动工具来改变对象的形状。属性栏中的文本框分别用于设置笔尖大小、使用干燥来控制涂抹的宽窄度、笔倾斜用来更改对象的角度及笔方位用来控制对象的方位参数。

工具箱：使用选择工具选定要弄脏的对象，如图 3-92 所示。单击 ⬏ 图标，在弹出的"形状工具"工具栏中单击 ⟑ 图标，鼠标指针变为 ⊙ 形状，属性栏变为如图 3-93 所示。

图 3-92　选定要弄脏的对象

图 3-93　使用"弄脏"时的属性栏

单击对象内部或外部靠近其边缘处，然后按住鼠标左键不放可以重塑边缘。若要得到更加显著的效果，可在按住鼠标左键的同时进行拖动。弄脏效果如图 3-94 所示。

图 3-94　弄脏效果

3.6.7　对象粗糙

对象粗糙是指将锯齿或尖突的边缘应用于线条、曲线或文本对象，其效果受笔尖大小、压力、含水浓度、斜移量等参数影响。

工具箱：单击 图标，在弹出的"形状工具"工具栏中单击 图标，鼠标指针变为 形状，属性栏变为如图 3-95 所示。属性栏中的 6 个文本框分别用于设置笔刷的笔尖大小、使用笔压控制尖突频率、在效果中添加水分浓度、使用笔斜移、尖突方向和关系固定值参数。具体效果请读者自行体验。

图 3-95　使用"粗糙笔刷"时的属性栏

> ➤ **特别提示**
>
> 粗糙效果常用于表现物体的动感。

3.7　实例——户型设计

1）创建新文件，将页面大小设置为 850mm×900mm，如图 3-96 所示。

2）将文件保存在"设计作品"文件夹中，命名为"户型设计 .cdr"。

3）设置自定义网格的"水平"和"垂直"参数均为 0.2/mm，选中显示网格与贴齐网格选项，如图 3-97 所示。

a) 设置页面尺寸

b) 操作结果

图 3-96　创建新文件

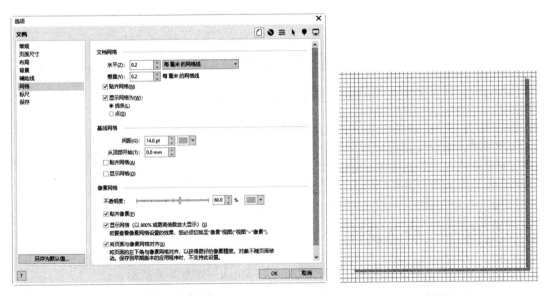

a) 设置参数　　　　　　　　　　　　　　　　b) 操作结果

图 3-97　创建自定义网格

4）使用"矩形"工具，绘制1个尺寸为390mm×420mm的矩形，设置其中心位于点（200，685），如图3-98所示。

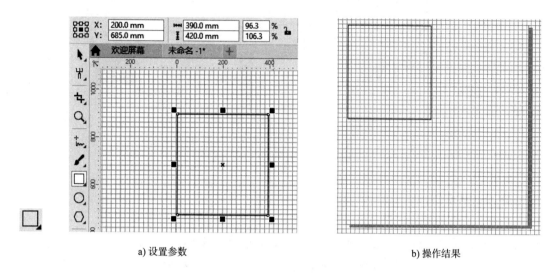

a) 设置参数   b) 操作结果

图 3-98　绘制矩形

5）使用"矩形"工具，分别绘制中心位置为点（125, 370）、尺寸为240mm×210mm的矩形，中心位置为点（410, 310）、尺寸为330mm×330mm的矩形，中心位置为点（485，580）、尺寸为180mm×210mm的矩形，中心位置为点（470, 760）、尺寸为150mm×150mm的矩形，中心位置为点（635, 745）、尺寸为180mm×180mm的矩形，完成房屋基本构型的绘制，如图3-99所示。

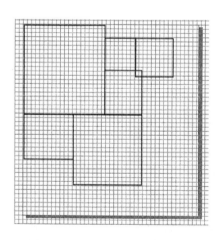

图 3-99　绘制完成房屋基本构型

6）使用"矩形"工具，设置中心位置为点（5, 895），绘制1个尺寸为30mm×30mm的矩形，然后填充为黑色，如图3-100所示。

71

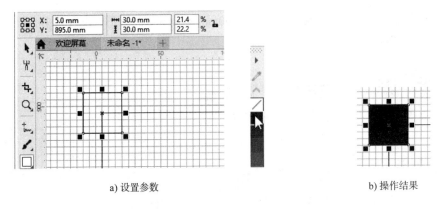

a) 设置参数   b) 操作结果

图 3-100　绘制矩形并填充为黑色

> ▶ **特别提示**
>
> 　　在做户型设计时，应先了解一些关于建筑的基本知识。例如，本实例设计的房屋为普通民用建筑，采用柱结构，柱排列应有行列感，柱间距一般不超过 6000mm；使用的墙厚度一般为承重墙 240mm，非承重墙 120mm，外墙（北方地区）370mm（在实例中的初步设计图上，墙常用 300mm 和 150mm 表示）；厨、卫需保留管道空间；内部结构应便于放置标准尺寸家具；还应考虑人的使用舒适性和心理感受，并与周边户型相匹配。近年来，对户型设计还提出了动静分区、干湿分区和日照时数等一些要求，这些都需要考虑。

　　7）使用"矩形"工具绘制 9 个中心位置分别为点（395, 895）、（395, 835）、（725, 835）、（725, 655）、（545, 655）、（575, 475）、（575, 145）、（245, 145）、（245, 475），尺寸均为 30mm×30mm，填充为黑色的矩形，完成房屋承重结构的绘制，如图 3-101 所示。

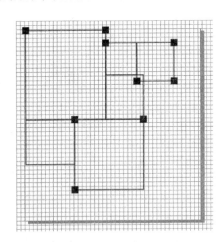

图 3-101　绘制完成房屋承重结构

　　8）使用"矩形"工具，将填充设置为 90% 黑色，绘制 1 个中心位于点（5, 685）、尺寸为 30mm×390mm 的矩形，如图 3-102 所示。然后将前面绘制的 30mm×30mm 的矩形进行复制，粘贴到如图 3-103 所示的位置。

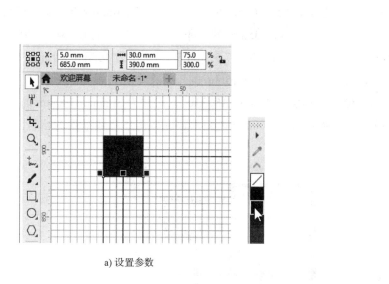

a) 设置参数　　　　　　　　　　　　　　　b) 操作结果

图 3-102　绘制填充为 90% 黑色的矩形

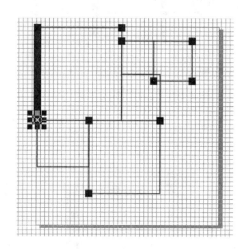

图 3-103　复制矩形

9）使用"矩形"工具，绘制中心位置为点（140, 902.5）、尺寸为 240mm×15mm 的矩形，中心位置为点（357.5, 902.5）、尺寸为 45mm×15mm 的矩形，中心位置为点（402.5, 865）、尺寸为 15mm×30mm 的矩形，中心位置为点（560, 827.5）、尺寸为 300mm×15mm 的矩形，中心位置为点（715.5, 745）、尺寸为 15mm×150mm 的矩形，中心位置为点（537.5, 797.5）、尺寸为 15mm×45mm 的矩形，中心位置为点（402.5, 790）、尺寸为 15mm×60mm 的矩形，中心位置为点（402.5, 587.5）、尺寸为 15mm×225mm 的矩形，中心位置为点（537.5, 700）、尺寸为 15mm×30mm 的矩形，中心位置为点（545, 685）、尺寸为 30mm×30mm 的矩形，中心位置为点（575, 670）、尺寸为 30mm×60mm 的矩形，中心位置为点（560, 632.5）、尺寸为 60mm×15mm 的矩形，中心位置为点（597.5, 655）、尺寸为 15mm×30mm 的矩形，中心

位置为点（702.5, 655）、尺寸为 15mm×30mm 的矩形，中心位置为点（650, 667.5）、尺寸为 90mm×5mm 的矩形，中心位置为点（650, 642.5）、尺寸为 90mm×5mm 的矩形，中心位置为点（562.5, 557.5）、尺寸为 5mm×135mm 的矩形，中心位置为点（587.5, 557.5）、尺寸为 5mm×135mm 的矩形，中心位置为点（477.5, 483.5）、尺寸为 165mm×15mm 的矩形，中心位置为点（372.5, 482.5）、尺寸为 45mm×15mm 的矩形，中心位置为点（267.5, 482.5）、尺寸为 15mm×15mm 的矩形，中心位置为点（245, 310）、尺寸为 30mm×300mm 的矩形，中心位置为点（575, 310）、尺寸为 30mm×300mm 的矩形，完成房屋砌体结构的绘制，如图 3-104 所示。

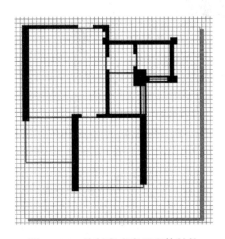

图 3-104　绘制完成房屋砌体结构

10）使用"折线"工具，绘制折点为点（-10, 475）、（-10, 250）、（245, 250）的折线，如图 3-105 所示。

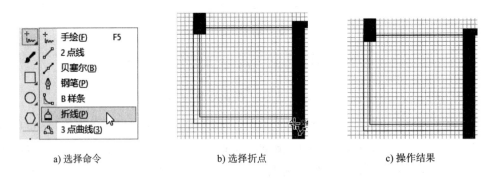

a）选择命令　　　　　　b）选择折点　　　　　　c）操作结果

图 3-105　绘制折线

11）使用"折线"工具，绘制折点为点（350, 25）、（575, 25）、（575, 130）的折线，折点为点（350, 10）、（590, 10）、（590, 130）的折线，折点为点（530, 700）、（460, 700）、（460, 692.5）、（475, 692.5）、（475, 685）的折线，端点为点（260, 902.5）、（335, 902.5）的直线，端点为点（335, 895）、（335, 827.5）的直线，端点为点（410, 692.5）、（530, 692.5）的直线，端点为点（537.5, 775）、（537.5, 715）的直线，端点为点（537.5, 715）、（597.5, 715）的直线，端点

为点（275, 482.5）、（350, 482.5）的直线，端点为点（275, 482.5）、（275, 410）的直线。

12）使用"椭圆形"工具，绘制中心点为点（350, 130）、直径为240mm的圆形，如图 3-106 所示。

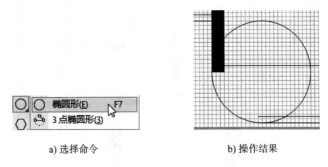

a) 选择命令　　　　　　　　　b) 操作结果

图 3-106　绘制圆形

13）选定绘制的圆形，在属性栏中将其设置为弧形，如图 3-107 所示。然后将起止角度分别设置为 180°、270°，如图 3-108 所示。

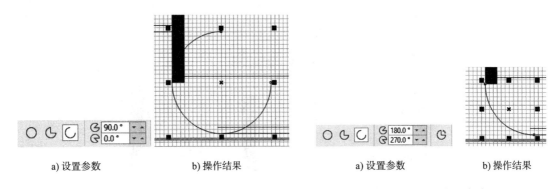

a) 设置参数　　　　　　　b) 操作结果　　　　　　　　　a) 设置参数　　　　　　　b) 操作结果

图 3-107　将圆形设置为弧形　　　　　　　　图 3-108　设置弧形起止角度

14）使用"椭圆形"工具，绘制中心点为点（350, 130）、直径为210mm的圆形，将其设置为起止角度分别为180°、270°的弧形；绘制中心点为点（275, 485）、直径为150mm的圆形，将其设置为起止角度分别为270°、0°的弧形；绘制中心点为点（537.5, 715）、直径为120mm的圆形，将其设置为起止角度分别为0°、90°的弧形；绘制中心点为点（335, 902.5）、直径为150mm的圆形，将其设置为起止角度分别为180°、270°的弧形，如图 3-109 所示。

15）使用"虚拟段删除"工具删除起止点为点（475, 685）、（535, 685）的线段，如图 3-110 所示。

16）使用"虚拟段删除"工具删除其他多余的线段，包括起止点为点（545, 715）、（545, 775）的线段，起止点为点（725, 835）、（725, 655）的线段，起止点为点（575, 625）、（575, 490）的线段，起止点为点（605, 655）、（695, 655）的线段，起止点为点（275, 475）、（350, 475）的线段，起止点为点（260, 895）、（335, 895）的线段，如图 3-111 所示。

17）单击工具箱中的**字**图标，在属性栏中将字符大小设置为48pt，使标注时使用的字符大小为48pt，如图 3-112 所示。

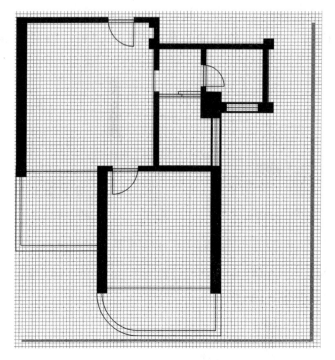

图 3-109　绘制弧形

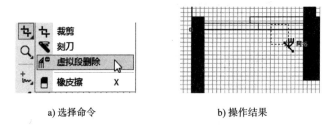

a) 选择命令　　　　　　　　b) 操作结果

图 3-110　使用"虚拟段删除"工具删除线段

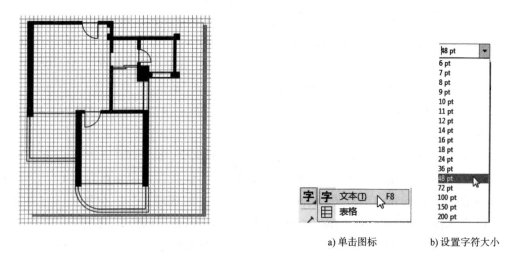

图 3-111　使用"虚拟段删除"工具删除其他多余的线段

a) 单击图标　　　　b) 设置字符大小

图 3-112　设置标注文字大小

18）使用"水平或垂直度量"工具标注右上角房间的尺寸，在属性栏中将度量精度设置为"0"，单击"显示单位"按钮 m 使单位不显示，然后将"后缀"设置为"0"，如图 3-113 所示。

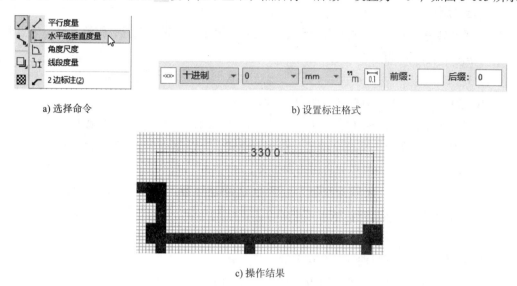

a) 选择命令

b) 设置标注格式

c) 操作结果

图 3-113　标注右上角房间的尺寸

19）按上述方法设置格式，使用"水平或垂直度量"工具标注其他主要尺寸。

20）关闭"显示网格"，保存文件。创建完成的"户型设计"作品如图 3-114 所示。

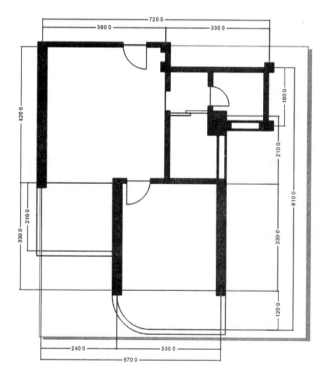

图 3-114　创建完成的"户型设计"作品

3.8 思考与练习

一、选择题

1. 下列工具中有（　　）种可用于绘制曲线：手绘工具、折线工具、钢笔工具、三点曲线工具、贝塞尔工具、智能绘图工具。

　　A. 3　　　　　　　　B. 4　　　　　　　　C. 5　　　　　　　　D. 6

2. 当使用（　　）时，鼠标指针变为 ✥ 形状。

　　A. 贝塞尔工具　　　B. 手绘工具　　　　C. 折线工具　　　　D. 钢笔工具

3. 在绘制艺术线条时，系统会给出一些预设模式，当绘制（　　）时，用户可以选择一种预设模式，并将其给出的图形单元自由排列组合。

　　A. 画笔线条　　　　B. 喷涂线条　　　　C. 书法线条　　　　D. 压力线条

4. ┍、┑、┮、┗ 图标依次用于（　　）操作。

　　A. 直线到曲线　删除节点　节点对称　节点计数

　　B. 曲线到直线　连接曲线　节点平滑　节点分散

　　C. 直线到曲线　节点尖突　节点对称　反转方向

　　D. 曲线闭合　拆分曲线　反转曲线　反转方向

5. 想绘制倒角矩形、弧形、正八边形、心形，应分别使用（　　　）。

　　A. 矩形工具　椭圆形工具　多边形工具　基本形状工具

　　B. 倒角工具　椭圆形工具　星形工具　心形工具

　　C. 矩形工具　扇形工具　多边形工具　心形工具

　　D. 倒角工具　圆形工具　饼形工具　基本形状工具

6. 在交互式连线工具和度量标注工具中，（　　）具有下述属性：对某对象使用该工具后，更改原对象的属性，如位置、尺寸等，该工具作用的效果始终与对象当前属性相匹配。

　　A. 交互式连线工具　　　　　　　　B. 度量标注工具

　　C. 交互式连线工具和度量标注工具　　D. 无此工具

7. （　　）操作不能针对其操作对象的局部产生作用，只能对对象的全部产生作用。

　　A. 对象擦除　　　B. 对象粗糙　　　C. 虚拟线段删除　　　D. 对象自由变换

二、上机操作题

1. 尝试设计完成各种户型图。

> ▶ **特别提示**
>
> 可以参考 3.7 节中的步骤完成各种户型图的设计。图 3-115 ～ 图 3-118 所示为已设计完成的效果图，可供参考。

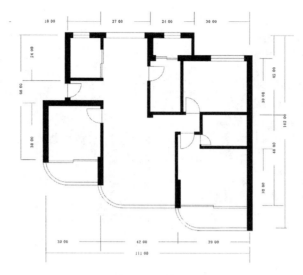

图 3-115　户型图

图 3-116　温馨港湾

图 3-117　阳光家园

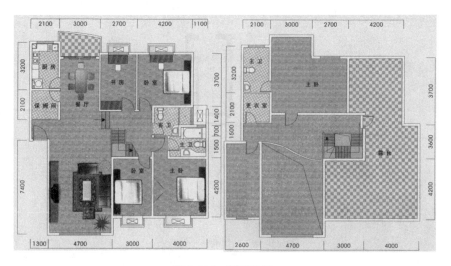

图 3-118　别墅生活

2. 为"北京风雨者文化传播中心"公司设计徽标。

图 3-119　公司徽标

第*4*章 对象编辑

人文素养

"风刀沙剑,面壁一生。洞中一日,笔下千年。六十二载潜心修复,八十六岁耕耘不歇"。他就是被誉为我国"文物修复界泰斗"的敦煌研究院著名文物修复师李云鹤先生,2019年,李云鹤荣膺"大国工匠年度人物"称号。4000多平方米的壁画、500余座的古老塑像在他的手里延续了生命。数十年的执着坚守,在日月更迭中,苍老了他的容颜,鲜活了千年壁画。他被誉为文物保护史上的大国工匠。从洞窟清洁工到修复国之瑰宝的大国工匠,李云鹤的一生与敦煌壁画息息相关。在他的影响和带领下,李家后辈也纷纷加入守护敦煌壁画行列,三代人传承接力,守护莫高窟,守护国之瑰宝。

学习设计,需要具备工匠精神,强调执着、坚持、专注,同时强调"技"与"道"的融合,技术、技能和技艺的系统性培养。学习能力是设计师需要具备的重要能力之一,知识及技能的横向拓展与纵向延伸体现了设计师的设计水平及文化修养。身为青年,要规划好自己的发展方向,不断提升自己的知识和技能,明确目标,持之以恒地为实现自己的人生规划而努力。

本章导读

学习有关对象编辑的基本知识,需要掌握对象增删、变换、重制、查找与替换、新建等操作方法,了解不同命令的作用差别,习惯鼠标与键盘的配合操作。

学习目标

1. 熟练掌握增删、重制对象的方法及不同命令的差别。
2. 熟悉对象变换的方法及形成的效果。
3. 了解对象查找、替换的方法及适用范围。
4. 了解特殊对象的插入方法及用途。

4.1 对象增删

4.1.1 对象选取

菜单命令：执行"编辑"→"全选"菜单命令，弹出"全选"子菜单，如图4-1所示。单击"对象""文本""辅助线""节点"可分别全选文档中的相关命令。

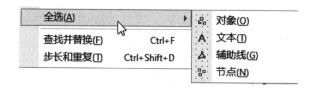

图4-1 "全选"子菜单

工具箱：单击工具箱中的 ▶ 按钮，鼠标指针变为 ▶ 形状，单击要选取的对象。

当要选取的对象不止1个时，可以在选取1个或多个对象后按住Shift键再单击其他对象。

> ➤ **操作技巧**
>
> 如果想去掉已选取的多个对象中的某一个，按住Shift键单击该对象即可。

如果要选取的多个对象相互位置接近，可单击 ▶ 按钮，在所有要选取对象外围的矩形区域的一角按住并拖动鼠标至矩形的对角，此时矩形区域出现蓝色的虚线框，如图4-2所示。释放鼠标，线框内的所有对象即可都被选取，如图4-3所示。

图4-2 拖动鼠标出现虚线框

图4-3 线框内的对象被选取

4.1.2 对象删除

菜单命令：选定要删除的对象，执行"编辑"→"删除"菜单命令。

右键快捷菜单：选定要删除的对象，右击，弹出如图4-4所示的右键快捷菜单，单击"删除"。在选定多个对象的情况下，删除操作可针对所有的对象。

快捷键：选定要删除的对象，按 {Delete}。

4.1.3 对象复制

菜单命令：选定要复制的对象，执行"编辑"→"复制"菜单命令，对象即可被复制到剪贴板中，但在视图中没有变化。

右键快捷菜单：选定要复制的对象，右击，在弹出的快捷菜单中选择"复制"命令。

工具栏按钮：选定要复制的对象，单击 按钮。

快捷键：选定要复制的对象按 {Ctrl+C}。

4.1.4 对象剪切

菜单命令：选定要剪切的对象，执行"编辑"→"剪切"菜单命令，可将对象从视图中剪切掉，同时保存在剪贴板中。

右键快捷菜单：选定要剪切的对象，右击，在弹出的快捷菜单中选择"剪切"命令。

工具栏按钮：选定要剪切的对象，单击 按钮。

快捷键：选定要剪切的对象按 {Ctrl+X}。

图 4-4　右键快捷菜单

4.1.5 对象粘贴

菜单命令："粘贴"命令常与"复制"或"剪切"命令共同使用。当剪贴板中有文件信息时，执行"编辑"→"粘贴"菜单命令，可将剪贴板中最新存入的对象粘贴在其原位置，如果在不同于对象来源的文件中操作，对象会被粘贴在新文件中相对于原文件的同一位置。

如果剪贴板中确定有信息，但执行"粘贴"命令后没有对象出现在视图中，则可能是对象被当前层遮挡，此时可以调整显示模式查找或将页面中的上层文件下移。

当剪贴板中的最新信息来自于其他程序时，执行"编辑"→"选择性粘贴"菜单命令会弹出如图4-5所示的对话框。对话框中显示出了粘贴对象的来源，并可设置将其作为怎样的对象粘贴。读者可以从 .doc（来源于 Word 等）或 .txt（来源于系统自带的写字板、记事本等）的文件中复制一段文本，尝试按不同种类的对象引入 CorelDRAW 2024。

右键快捷菜单：右击，在弹出的右键快捷菜单中选择"粘贴"。

工具栏按钮： 。

快捷键：{Ctrl+V}。

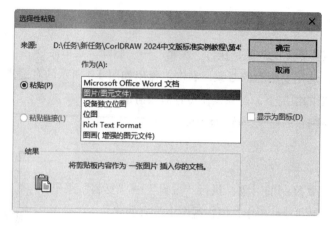

图 4-5 "选择性粘贴"对话框

4.1.6 对象撤销

对象撤销是指取消已执行的某些操作步骤，将文件还原到一定步骤范围内某一步骤前的状态。

菜单命令：执行"编辑"→"撤销……"菜单命令。"撤销"后面的文字由上一步进行的操作种类而定，如"撤销移动""撤销粘贴"等。使用菜单命令，每次只能撤销 1 个操作步骤。

工具栏按钮：单击 ↺ 按钮，可逐一撤销操作。如果想一次性撤销多步操作，可单击 ↺ 按钮后的 ▾ 按钮，在弹出的如图 4-6 所示的下拉菜单中单击某个步骤，则此步骤及其后进行的操作都将被撤销。

图 4-6 "撤销"下拉菜单

快捷键：{Ctrl+Z}。

4.1.7 对象重做

"重做"是指将某些已撤销的步骤还原的操作。

菜单命令：执行"编辑"→"重做……"菜单命令。"重做"后面的文字由上一步进行的操作种类而定。使用菜单命令，每次只能重做 1 个操作步骤。

工具栏按钮：单击 ↻ 按钮，可逐一重做对象。如果想一次性重做多个步骤，可单击 ↻ 按钮后的 ▾ 按钮，弹出与"撤销"下拉菜单类似的菜单，单击其中的某个步骤，则此步骤及以前撤销的操作都将被恢复。

快捷键：{Ctrl+Shift+Z}。

4.1.8 对象重复

"重复"命令可将刚刚进行的操作再次进行。例如，刚刚移动某一个对象，执行"重复"命令，则对象会在上次移动对象的相同方向上再次移动相同的距离。

菜单命令：执行"编辑"→"重复……"菜单命令。与"撤销""重做"命令相同，"重复"后面的文字也由上一步进行的操作种类而定。

快捷键：{Ctrl+R}。

4.2 对象变换

对象变换包括对象位置、形状、尺寸和角度的变化，可以使用自由变换工具来完成。所有出现在 CorelDRAW 2024 中的对象（包括文本、图形、位图等）都可以进行此操作。所有的操作都可由鼠标直接完成。

4.2.1 对象移动

鼠标：选定要移动的对象，对象的四周显示出 8 个■形状的控制点，如图 4-7 所示。移动鼠标指针，当其变成✛形状时，可单击并拖动对象至适当位置。

属性栏：当需要精确移动对象位置时，可通过属性栏上的坐标进行操作。单击要移动的对象，在属性栏的最左侧出现如图 4-8 所示的所选对象中心位置的坐标，直接修改文本框中的数字即可给对象定位。

> ➤ **操作技巧**
>
> 按住 Ctrl 键可让对象仅沿水平或垂直方向移动。
>
> 如果想在移动对象的同时保留原位置的对象，可在拖动鼠标的过程中右击或按空格键。

| X: | 94.929 mm |
| Y: | 153.115 mm |

图 4-7 选定对象的四周显示出控制点   图 4-8 所选对象中心位置的坐标

泊坞窗：执行"窗口"→"泊坞窗"→"变换"菜单命令，或在开启的泊坞窗中单击✛图标，勾选"变换"，打开"变换"泊坞窗，单击"位置"图标✛，此时的泊坞窗如图 4-9 所示。选取要移动的对象，在 X、Y 文本框中输入要移动的距离，按 Enter（回车）键确定。

当"相对位置"复选框没被选中时，"X""Y"文本框中显示的是对象当前实际位置的坐标，此位置与标尺上显示的刻度对应，新输入值为移动后实际位置的坐标。当"相对位置"复选框被选中时，"X""Y"文本框中显示的是对象选取点相对于对象当前中心点的坐标，与标尺上显示的坐标无关。对象的选取点可通过"相对位置"复选框左侧的▦选择，包括对象的中心点、4 个角点、4 个边中心点共 9 个点。

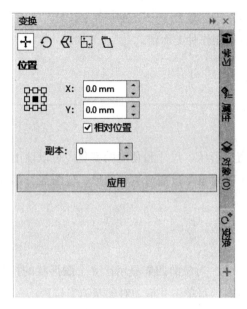

图 4-9　单击"位置"图标后的"变换"泊坞窗

> ▶ **特别提示**
>
> 在"相对位置"复选框被选中的情况下，不管"X""Y"文本框中显示的是当前的值还是新输入的值，只要确定执行移动命令都会相对于原位置移动文本框中的值确定的距离。

> ▶ **操作技巧**
>
> 当"相对位置"复选框处于选中状态时，在其左侧的 ▦ 上选择除中心点以外的点，可以在"X""Y"文本框中获取该点相对于中心点的坐标，从而得到所选对象的尺寸信息。

快捷键：{Alt+F7}。

4.2.2　对象缩放

鼠标：选定要缩放的对象，把鼠标指针移动到 ■ 形状的控制点上，其在不同位置的形状如图 4-10 所示。当鼠标指针为 ↔ 形状时，按住鼠标左键并左右移动，可使对象高度保持不变，横向放大或缩小。↕ 形状的鼠标指针用于使对象在宽度保持不变的情况下在纵向进行缩放。↗、↘ 形状的鼠标指针用于在保持对象纵横比的情况下进行缩放。左右两个会使鼠标指针变为 ↔ 形状的控制点的区别在于：当使用左侧的控制点缩放对象时，对象以右侧控制点为中心缩放；而使用右侧的控制点缩放对象时，对象以左侧控制点为中心缩放。其他控制点与此类似。

属性栏：通过属性栏可以精确缩放对象。选取要缩放的对象后，属性栏里的文本框如图 4-11 所示。↕、↔ 后面的文本框里显示的分别是对象当前的宽度和高度，可以直接在其中输入想要的对象尺寸，% 前的文本框里自动显示指定尺寸相对于原始尺寸横向、纵向的缩放比例。如果修改 % 前的文本框里的数值，↕、↔ 后面文本框里的数值同样会自动变化。

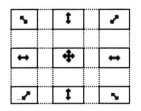

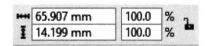

图 4-10　鼠标指针在不同位置的形状　　　　　图 4-11　属性栏里的文本框

单击 % 后面的 🔒 图标可切换是否锁定纵横比。当锁定纵横比时，只要改变横向或纵向的尺寸之一，另一个尺寸也会随之变化。

> ▶ 操作技巧
>
> 在拖动对象的过程中右击或按空格键可在缩放对象的同时保留原对象。

泊坞窗：执行"窗口"→"泊坞窗"→"变换"菜单命令，打开"变换"泊坞窗，单击"缩放和镜像"图标 🔄，此时的泊坞窗如图 4-12 所示。选取要缩放的对象，在"X""Y"文本框内输入要缩放的比例。当勾选"按比例"复选框时，只要输入"X""Y"中的一个值即可。

执行"窗口"→"泊坞窗"→"变换"菜单命令，打开"变换"泊坞窗，单击"大小"图标 🔲，此时的泊坞窗如图 4-13 所示。选取要缩放的对象，在"W""H"文本框内输入选取对象需达到的大小。当勾选"按比例"复选框时，只要输入"W""H"中的一个值即可。

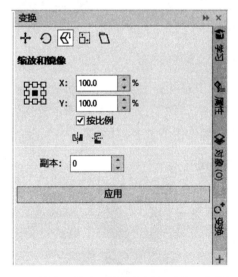

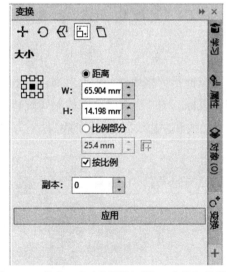

图 4-12　单击"缩放和镜像"图标后的"变换"泊　图 4-13　单击"大小"图标后的"变换"泊坞窗
　　　　　坞窗

快捷键："缩放和镜像"的快捷键是 {Alt+F9}，"大小"的快捷键是 {Alt+F10}。

4.2.3　对象旋转与倾斜

鼠标：单击被选取的对象，其周围的控制点变为可旋转对象的样式，如图 4-14 所示。将鼠标指针移动到 4 个角上的控制点周围，其形状如图 4-15a 所示。按住并拖动鼠标左键，图片将以⊙为中心旋转。⊙所在的位置即图片旋转的中心点，可用鼠标拖动⊙改变位置。图 4-16 所示为将⊙拖动到图片左上角点时以该点为中心点旋转的效果。

图 4-14　控制点变为可旋转对象
的样式

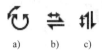

a)　　b)　　c)

图 4-15　鼠标指针在角、上下边、
左右边上控制点附近的形状

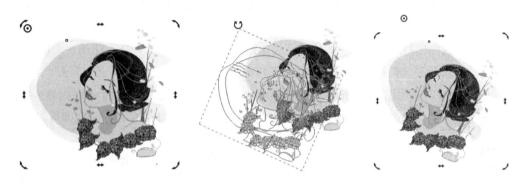

图 4-16　以图片左上角点为中心点旋转的效果

当鼠标指针移动到各边上形如↔、↕的控制点时，其形状如图 4-15b 和 c 所示。此时按下并拖动鼠标，图片会以线固定的形式旋转（也叫"倾斜"）。图 4-17 和图 4-18 所示分别为以图片的上边线和左边线固定旋转的效果。以线固定的旋转经常用于创建立体效果。

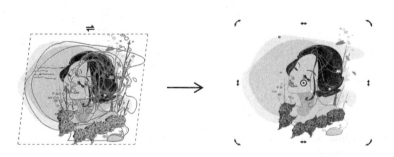

图 4-17　以图片上边线固定旋转的效果

属性栏：选定要旋转的对象后，在属性栏的"旋转角度"文本框（见图 4-19）中输入角度值，对象会按照该角度值以逆时针方向旋转。输入的角度可精确到 0.1°，在 0.0° ～ 359.9° 范围内有效。

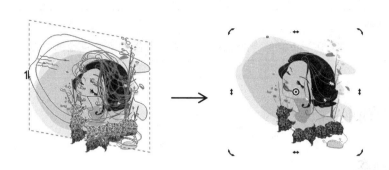

图 4-18　以图片左边线固定旋转的效果

泊坞窗：执行"窗口"→"泊坞窗"→"变换"菜单
命令，打开"变换"泊坞窗，单击"旋转"图标 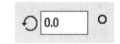 可旋转
对象，单击"倾斜"图标 可倾斜对象。

图 4-19　"旋转角度"文本框

快捷键：旋转的快捷键为 {Alt+F8}。

> ➤ **操作技巧**
> 在旋转对象的过程中右击或按空格键，可在旋转对象的同时保留原对象。

4.2.4　对象镜像

"镜像"命令可用于实现对象关于线对称的效果。CorelDRAW 2020 中提供了水平和垂直两种基本镜像命令。水平镜像是以垂直线作为对称轴，将对象（见图 4-20a）进行翻转，结果如图 4-20b 所示；垂直镜像则是以水平线作为对称轴，将对象（见图 4-20a）进行翻转，结果如图 4-20c 所示。

属性栏：选定要镜像的对象后，利用属性栏中的"镜像"图标（见图 4-21）可镜像对象。左右两个图标分别用于水平镜像和垂直镜像。

泊坞窗：执行"窗口"→"泊坞窗"→"变换"菜单命令，打开"变换"泊坞窗，单击"缩放和镜像"图标 ，如图 4-22 所示；单击 或 图标，并单击"应用"按钮可进行水平或垂直镜像操作。

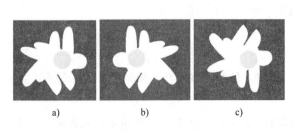

a)　　　　　　　b)　　　　　　　c)

图 4-20　镜像效果

图 4-21　"镜像"
图标

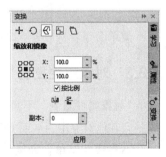

图 4-22　单击"变换"泊坞
窗中的"缩放和镜像"图标

4.3 对象重制

4.3.1 生成副本

"生成副本"与"复制"→"粘贴"命令相似，都可增加相同对象的数量，但是由于执行"生成副本"命令可以在绘图区中直接放置一个副本，而不使用剪贴板，因此其速度比执行"复制"→"粘贴"命令快。

菜单命令：选取要生成副本的对象，执行"编辑"→"生成副本"菜单命令。

快捷键：{Ctrl+D}。

4.3.2 对象克隆

"克隆"是对所选对象进行与上次操作相同的新建副本的操作。例如，对如图 4-23a 所示的对象（气球）执行缩小并复制命令后生成如图 4-23b 所示的图像，此时执行"克隆"命令会生成如图 4-23c 所示的图像。

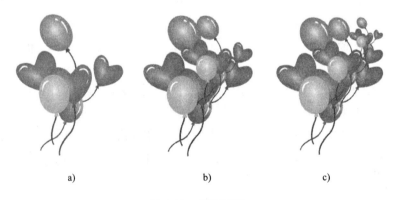

a)   b)   c)

图 4-23 克隆图像

菜单命令：选取要克隆的对象，执行"编辑"→"克隆"菜单命令。

4.3.3 对象属性复制

"对象属性复制"不是复制完整的对象，而是将对象的某些属性（如轮廓、填充色等信息）复制到其他对象中，从而实现多个对象的结合。

右键快捷菜单：如果希望将对象 A 的某些属性复制到对象 B 中，可用鼠标右键拖动 A 到 B 上后释放鼠标，在弹出的如图 4-24 所示的右键快捷菜单中选择要复制的属性。"复制所有属性"包括"复制填充"和"复制轮廓"。

菜单命令:单击目标对象,执行"编辑"→"复制属性自…"菜单命令,弹出如图4-25所示的对话框,在其中选择要复制的属性后单击"OK"按钮,此时鼠标指针变为 ◤ 形状,用它单击属性来源对象。

图4-24　右键快捷菜单

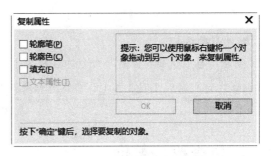

图4-25　"复制属性"对话框

> ➤ **操作技巧**
>
> 使用"复制所有属性"命令时,目标对象的位置常会发生改变,而使用"复制填充"和"复制轮廓"命令时目标对象一般不受影响。因此,为了确定目标对象的位置,可用分两次执行"复制填充"和"复制轮廓"命令来替代执行"复制所有属性"命令。

> ➤ **操作技巧**
>
> "复制轮廓"中的"轮廓"指的并非轮廓的形状,而是轮廓的宽度、样式、颜色和端点形状。

4.3.4　对象步长和重复

泊坞窗:执行"编辑"→"步长和重复"菜单命令,弹出如图4-26所示的泊坞窗,在"份数"文本框中输入要新建对象的个数,在"水平设置"和"垂直设置"下拉列表中选择"无偏移""偏移"或"对象之间的间隔"(当选择"无偏移"时不需输入任何信息,当选择"偏移"时仅需输入两对象之间偏移的距离,当选择"对象之间的间隔"时还需输入"方向"),然后单击"应用"按钮。

图4-26　"步长和重复"泊坞窗

4.4 对象查找与替换

4.4.1 对象查找

菜单命令：执行"编辑"→"查找并替换"菜单命令，弹出"查找并替换"泊坞窗，从泊坞窗顶部的下拉列表中选择"查找对象"选项，此时的泊坞窗如图 4-27 所示。

选择"属性"选项，在下方单击"添加查询"按钮，弹出"查找对象"对话框，如图 4-28 所示。在左侧可以看到 4 个选项，分别为"对象类型""填充""轮廓""特殊效果"（见图 4-29 ~

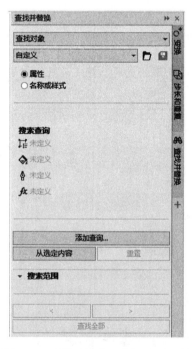

图 4-27 选择"查找对象"选项后的
"查找并替换"泊坞窗

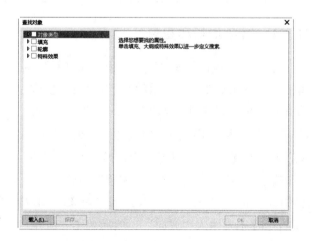

图 4-28 "查找对象"对话框

92

图 4-32）。在任意选项中单击想查找的对象类型，勾选对应的复选框，单击"OK"按钮，返回"查找并替换"泊坞窗，在"搜索范围"面板中有"选定内容""当前页""所有页面""页"4个选项，选择其中某个选项，在下方单击"查找全部"按钮，可直接进行搜索。

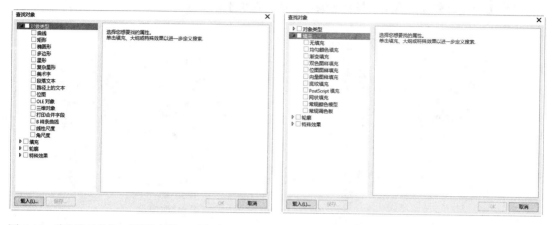

图 4-29 "查找对象"对话框中的"对象类型"选项　　图 4-30 "查找对象"对话框中的"填充"选项

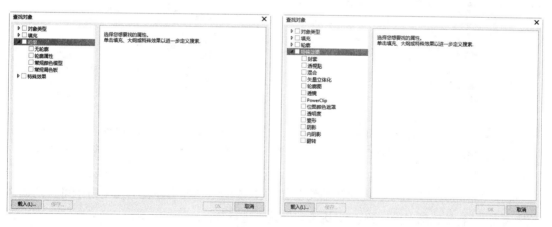

图 4-31 "查找对象"对话框中的"轮廓"选项　　图 4-32 "查找对象"对话框中的"特殊效果"选项

4.4.2 对象替换

CorelDRAW 2024 允许对颜色、颜色模型或调色板、轮廓属性、文本属性进行替换。替换范围可以是当前文件中的所有对象，也可以由用户自行选定。

菜单命令：执行"编辑"→"查找并替换"菜单命令，弹出"查找并替换"泊坞窗，从泊坞窗顶部的下拉列表中选择"替换对象"选项。

选择"颜色"选项，此时的泊坞窗如图 4-33 所示。在"查找"和"替换"选项组的"颜色"下拉列表中可以选择被替换的颜色和替换成的颜色，在"替换"选项组中可以应用到"轮廓""均匀填充""渐变填充""双色填充""网状填充""单色位图"。这里将"填充"简单地理解为一个图形的内部,将"轮廓"理解为一个图形的边缘。

选择"颜色模型或调色板"选项,此时的泊坞窗如图 4-34 所示。在"查找"选项组中可以分别选择"任何颜色模型或调色板""特定颜色模型""特定调色板"选项进行替换。所有的替换均可作用于轮廓和各种填充,与替换颜色类似,这里不再赘述。

图 4-33 选择"替换对象"中的"颜色"选项后的"查找并替换"泊坞窗

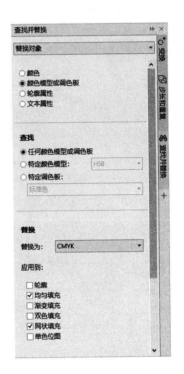

图 4-34 选择"替换对象"中的"颜色模型或调色板"选项后的"查找并替换"泊坞窗

选择"轮廓属性"选项,此时的泊坞窗如图 4-35 所示。在"查找"选项组中可分别选择"轮廓宽度""将轮廓随图像缩放""轮廓叠印"选项进行替换。

选择"文本属性"选项,此时的泊坞窗如图 4-36 所示。在"查找"选项组中可分别选择"字体""重量""大小"选项进行替换。

在任何一个选项中,单击"替换"或"全部替换"按钮即可执行替换操作。

> ➤ 操作技巧
> "替换"用于逐一替换对象属性,有助于更加明确地确定目标对象;"全部替换"可一次性完成所有满足条件对象的操作,有助于在完成大量相同的工作时提高效率,一般用于对设计作品特别了解时。

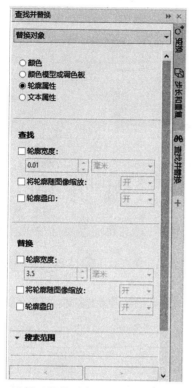

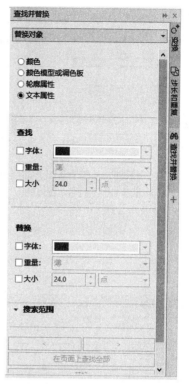

图 4-35　选择"替换对象"中的"轮廓属性"选项　图 4-36　选择"替换对象"中的"文本属性"选项
　　　　后的"查找并替换"泊坞窗　　　　　　　　　后的"查找并替换"泊坞窗

4.5　新建特殊对象

4.5.1　插入条形码对象

　　菜单命令：执行"对象"→"插入"→"条形码"菜单命令，弹出"条码向导"对话框。在"从下列行业标准格式中选择一个："下方的下拉列表中可选择所需的标准格式。在不同的标准格式下，设定的条形码在长度、分布、字符类型等方面有所不同，如 CodaBar 码为连续码，如图 4-37 所示；UPC、EAN 系列的条形码分基本码和验证码两组，如图 4-38 和图 4-39 所示；POSTNET 码为单纯数字码，且对数字的个数有限制，如图 4-40 所示；Code 系列码允许数字和其他字符混排，如图 4-41 所示；最短的 FIM 码只有 4 种类型选择，如图 4-42 所示；最长的 Code 128 码可包含多达 70 个数字或字符，如图 4-43 所示；还有一种比较特殊的字符码——ISBN 码，标码的本身不以黑白线条显示，而是直接以特殊字体的字符形式出现，如图 4-44 所示。选择标准格式之后，在文本框内输入符合要求的原码字符，单击"下一步"按钮继续操作。

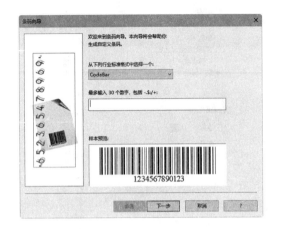

图 4-37 "条码向导"对话框"CodaBar"标准格式　图 4-38 "条码向导"对话框"UPC（A）"标准格式

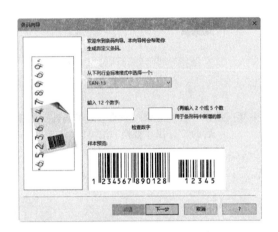
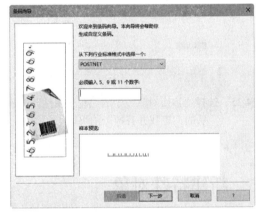

图 4-39 "条码向导"对话框"EAN-13"标准格式　图 4-40 "条码向导"对话框"POSTNET"标准格式

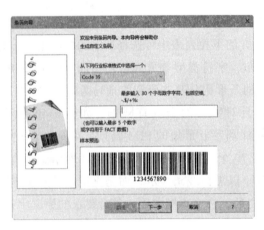
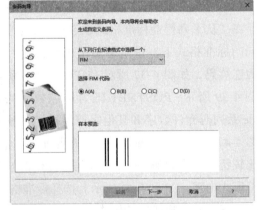

图 4-41 "条码向导"对话框"Code 39"标准格式　图 4-42 "条码向导"对话框"FIM"标准格式

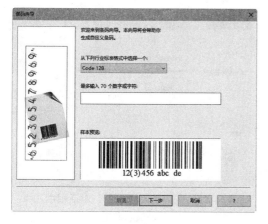
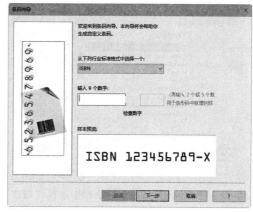

图 4-43 "条码向导"对话框 "Code 128" 标准格式　图 4-44 "条码向导"对话框 "ISBN" 标准格式

在弹出的"条码向导"对话框（见图 4-45）中设置打印机分辨率和条形码的宽、高等属性，继续单击"下一步"按钮，在弹出的"条码向导"对话框（见图 4-46）中设置配合条形码使用的文字的相关属性，如字体、大小、粗细、对齐方式等。如果使用的条形码是 ISBN 或 ISSN 形式，这些设置并不会影响到条形码上字符的样式。

图 4-45 "条码向导"对话框（打印属性）　　图 4-46 "条码向导"对话框（文本属性）

4.5.2　插入新对象

菜单命令：执行"对象"→"插入"→"对象"菜单命令，弹出"插入新对象"对话框。选择"新建"（见图 4-47），在"对象类型"列表中显示出新建对象的来源程序，选择一种程序类型，单击"确定"按钮，可在设计作品中创建一个所选类型的文件。选择"由文件创建"（见图 4-48），可以在"文件"下面的文本框中输入要插入文件的存储地址，或在单击"浏览"按钮弹出的"浏览"对话框中选择要插入文件的存储地址。插入对象时可以选择"链接"方式和创建对象两种。使用"链接"方式时设计文件中可显示插入对象，但并没有真正加入插入对象，只是加入了一个链接指针。不管使用哪种方式，插入的对象都可以用创建的程序启动。

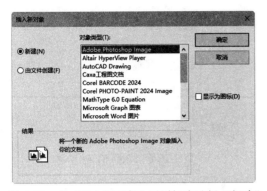

图 4-47 在"插入新对象"对话框中选择"新建"

图 4-48 在"插入新对象"对话框中选择
"由文件创建"

> ➤ 操作技巧

如果想让插入的 CorelDRAW 2024 文件内容随源文件的修改而实时更新，可将文件内容"链接"到设计文件中；如果要改变源文件或设计文件的存储位置，可将文件作为对象插入设计文件。另外，当插入文件体积较大时，使用"链接"方式在一定程度上有助于控制设计文件的体积。

4.6 实例

4.6.1 实例 1——精美相框

1）打开电子资料包中"源文件 / 素材 / 第 4 章"文件夹中的文件"相框素材"，将文件另存在"设计作品"文件夹中，命名为"精美相框 .cdr"，如图 4-49 所示。

a) 选择"另存为"

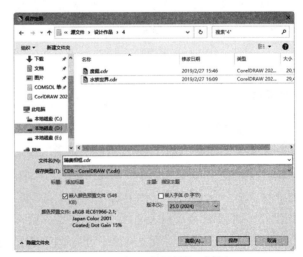

b) 设置"保存绘图"对话框

图 4-49 另存文件并重命名

2）选定全部对象，将长度调整为"25.0mm"，宽度调整为"10.0mm"，生成对象 A，如图 4-50 所示。

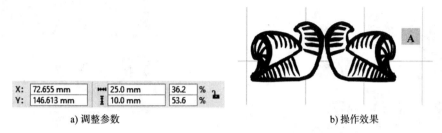

a) 调整参数   b) 操作效果

图 4-50 调整对象尺寸生成对象 A

> ➤ **操作技巧**
>
> 在用鼠标划定区域选择对象时，只会选定完全包含在划定区域内的对象，不会选中部分包含在区域内的对象。因此，在不同对象之间的距离较小时，可划定一个稍大的区域，只要使不需要的对象的一部分在划定区域外即可。

3）显示网格，然后设置网格的间距为 10mm，并选中"贴齐网格"选项，如图 4-51 所示。

a) 选择"文档选项"   b) 设置"选项"对话框"网格"选项卡

图 4-51 显示并设置网格

4）在新位置创建与对象 A 相同的对象 B 和对象 C，如图 4-52 所示。

5）镜像对象 B，生成对象 D，如图 4-53 所示。

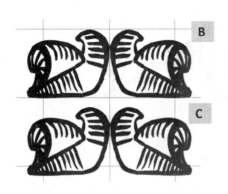

图 4-52　创建对象 B 和对象 C

a) 选择镜像 　　　　　　　　　b) 操作效果

图 4-53　镜像生成对象 D

6）将对象 D 与对象 A 相接，创建对象 E，并移动对象 E，贴齐网格对齐，如图 4-54 所示。

7）全选对象 E，在新位置创建与其相同的对象 F，如图 4-55 所示。

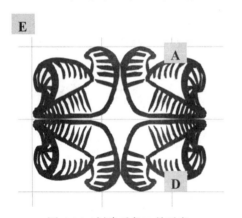

图 4-54　创建对象 E 并对齐

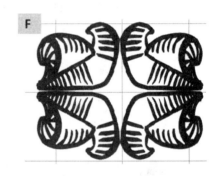

图 4-55　创建对象 F

8）移动对象 F，使其与对象 E 相接，如图 4-56 所示。

图 4-56　使对象 F 与对象 E 相接

9）全选对象 E 和对象 F，作为对象 G，并在新位置创建与对象 G 相同的对象 H，如图 4-57 所示。

图 4-57　创建对象 H

10）选择对象 H，使用"步长和重复"命令创建两个副本，并使各副本水平偏移 50mm，垂直偏移 0mm，生成对象 I，如图 4-58 所示。

a) 选择"步长和重复"

b) 设置"步长和重复"泊坞窗

c) 操作效果

图 4-58　生成对象 I

11）将对象 H 旋转 90°，生成对象 J，如图 4-59 所示。

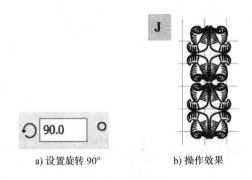

a) 设置旋转 90°　　　　　b) 操作效果

图 4-59　生成对象 J

12）选择对象 J，使用"步长和重复"命令创建两个副本，并使各副本水平偏移 0mm，垂直偏移 50mm，生成对象 K，如图 4-60 所示。

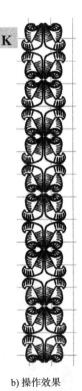

a) 设置"步长和重复"泊坞窗　　　　　b) 操作效果

图 4-60　生成对象 K

13）在新位置分别创建与对象 I 和对象 K 相同的副本，并贴齐网格对齐成为矩形框架，生成对象 L，如图 4-61 所示。

14）设置两条过点（210，30）和点（0，30）、倾角为 135° 和 45° 的辅助线，如图 4-62 所示。

15）在"查看"菜单栏中关闭贴齐网格，开启贴齐辅助线。

102

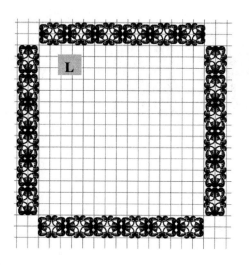

图 4-61　生成对象 L

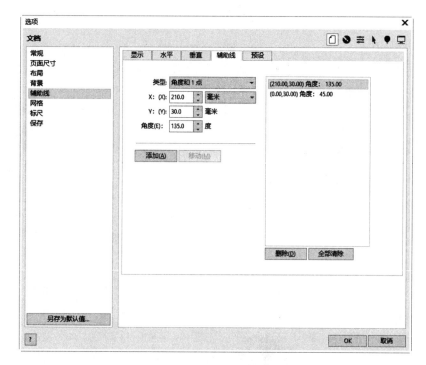

a) 选择"文档选项"　　　　　　　　b) 设置"选项"对话框"辅助线"选项卡

图 4-62　设置辅助线

16）将对象 C 取消群组，将其中一部分删除，生成对象 M，如图 4-63 所示。

17）将对象 M 旋转 315°，生成对象 N，如图 4-64 所示。

18）创建对象 N 的副本并将其水平镜像，再旋转 315°，生成对象 O，如图 4-65 所示。

19）移动对象 O，将其与对象 N 组合，生成对象 P，将其移动到辅助线旁对齐，如图 4-66 所示。

a) 选中对象 C 一部分   b) 操作效果

图 4-63　生成对象 M

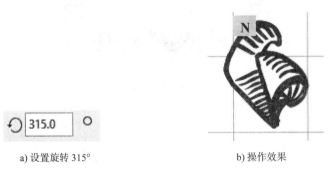

a) 设置旋转 315°   b) 操作效果

图 4-64　生成对象 N

a) 选择镜像图标并设置旋转角度   b) 操作效果

图 4-65　生成对象 O

20）在新位置创建 3 个与对象 P 相同的副本，并分别旋转 90°、180°、270°，生成对象 Q、R、S，如图 4-67 所示。

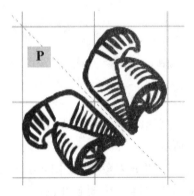

图 4-66　生成并移动对象 P 与辅助线对齐

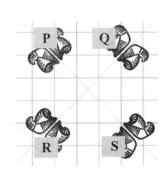

图 4-67　生成对象 Q、R、S

21）将对象 P、Q、R、S 分别移动到对象 L 的 4 个角，如图 4-68 所示。

22）选定所有对象，调整其在页面上的位置，保存文件。制作完成的作品"精美相框"如图 4-69 所示。

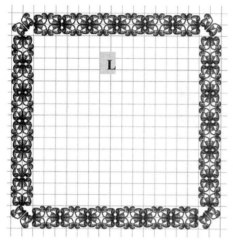

图 4-68　移动对象　　　　　　　图 4-69　制作完成的作品"精美相框"

23）将作品"精美相框"另存为"度假 .cdr"。导入电子资料包中"源文件 / 素材 / 第 4 章"文件夹中的文件"度假 .jpg"。

24）调整导入图片的大小和位置，保存文件。制作完成的作品"度假 .cdr"如图 4-70 所示。

图 4-70　制作完成的作品"度假"

4.6.2　实例 2——水族世界

1）新建文件，命名为"海底世界 .cdr"，如图 4-71 所示。

105

图 4-71　新建文件

2）导入电子资料包中"源文件 / 素材 / 第 4 章"文件夹中的文件"珊瑚 .jpg"，拉伸到与页面等大，如图 4-72 所示。

| | X: | 105.0 mm | ↔ | 210.0 mm | 35.0 | % |
| | Y: | 148.5 mm | ↕ | 297.0 mm | 33.0 | % |

a) 调整尺寸　　　　　　　　　　　　　　　　b) 操作效果

图 4-72　导入文件并调整对象尺寸

3）打开电子资料包中"源文件 / 素材 / 第 4 章"文件夹中的素材文件"鱼 .cdr"，如图 4-73 所示。

4）全选鱼，将其复制并粘贴到文件"海底世界 .cdr"中，如图 4-74 所示。

5）调整鱼的大小，用"生成副本""克隆"命令创建多条鱼并移动到适当的位置，用"旋转""倾斜"命令改变部分鱼的姿态，用"镜像"命令改变部分鱼游动的方向，如图 4-75 所示。

图 4-73　打开素材文件"鱼 .cdr"

图 4-74　将鱼复制并粘贴到文件"海底世界 .cdr"中

图 4-75　改变部分鱼的大小、位置、姿态和方向

6）打开电子资料包中"源文件 / 素材 / 第 4 章"文件夹中的素材文件"气泡 .cdr"，如图 4-76 所示。

7）创建多个副本，调整气泡大小，并将其分散地排列成一串，如图 4-77 所示。

8）任意选取气泡串中的部分气泡，粘贴到"海底世界"中的不同位置，如图 4-78 所示。

图 4-76 打开素材文件"气
　　　　泡 .cdr"

图 4-77 将气泡排列成
　　　　一串

图 4-78 粘贴气泡

9）保存文件。制作完成的作品"海底世界"如图 4-79 所示。

图 4-79 制作完成的作品"海底世界"

4.7　思考与练习

一、选择题

1. Ctrl 加字母 Z、X、C、V 组成的快捷键对应的操作是（　　　）。

　A. 对象重做、对象剪切、对象重复、对象选取

　B. 对象撤销、对象删除、对象复制、对象重复

　C. 对象粘贴、对象删除、对象选取、对象粘贴

　D. 对象撤销、对象剪切、对象复制、对象粘贴

2. （　　　）操作一定会改变当前页面中对象的数量。

　A. 对象选取　　　　B. 对象复制　　　　C. 对象剪切　　　　D. 对象重复

3. 在进行"对象旋转和倾斜"操作时，图 4-80 中（　　　）位置上的控制点可用于旋转对象。

　A. 5　　　　　　　　B. 1，3，7，9

　C. 2，4，6，8　　　D. 1，3，5，7，9

4. （　　　）操作可以使用泊坞窗自由决定新建对象的数量。

　A. "再制"　　　　　B. "仿制"

　C. "属性复制"　　　D. "步长和重复"

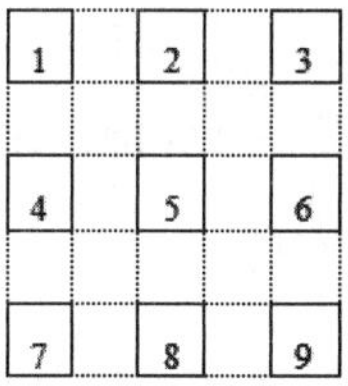

5. 在"变换"泊坞窗中不能执行的操作是（　　　）。

　A. "重复"　　　　　B. "缩放"

　C. "旋转"　　　　　D. "镜像"

6. 对象替换不能用于替换（　　　）。

　A. 形状　　　　　　B. 颜色　　　　　　C. 颜色模型　　　　D. 调色板

图 4-80　控制点位置

7. 当需要将 1 个占用空间为 22M 的 .JPG 图像插入 .CDR 文件中时，为了尽量减少设计文件的体积，应按（　　　）方式插入。

　A. "对象"　　　　　B. "对象"或"链接"　　　C. "对象"和"链接"　　　D. "链接"

二、上机操作题

1. 使用 4.6.1 节中的素材，设计图文边框。

> ▶ **特别提示**
>
> 　"相框素材"里的所有对象实际上都是由一个圆形和一个矩形通过拉伸、旋转、倾斜及颜色替换生成的。读者可创建其他的基本对象，再利用这些对象设计图文边框。

2. 在电子资料包中任意选择图片，为其设计边框。

> ▶ **特别提示**
>
> 　可以 4.6.1 节中的素材作为基本对象，参考 4.2 节中的方法更改对象，为图片设计风格符合的边框。

第 5 章 对象属性

人文素养

靳埭强先生是世界平面设计师名人录中的首位华人设计师，在中国的设计界，他是将自己的平面设计与中国传统文化符号融合在一起的典范，笔、墨、纸、砚、直尺、圆规等一些中国传统文化的符号都被他运用到了招贴设计中。另外，他在平面设计中还经常将中国传统文化与世界文化相结合，对中国优秀传统文化的传播做出了突出的贡献。

传统文化的内涵可以说是当代平面设计作品的灵魂，许多的当代平面设计作品中都含有丰富的传统文化气息。但是如果一名设计师只是重复前辈的风格，不善于创新，其作品就不会有活力。设计行业要进步，就要传承与发展。我们在设计作品时，既要坚定文化自信，又要善于发现和融合特色元素，同时还能够将传统文化融于平面设计作品中，这样才能使得作品更具生命力。

本章导读

一般的对象均具有轮廓和填充两种属性，本章将学习有关对象属性的概念以及设置、更改对象属性的方法。适当更改对象的属性信息可以使设计作品更加精美，并能在一定程度上减少绘图的工作量。

学习目标

1. 熟练掌握轮廓线的编辑方法。
2. 熟练掌握填充的编辑方法。
3. 熟悉填充开放式对象的设置方法。
4. CorelDRAW 2024 内置的轮廓样式及填充效果。

5.1 轮廓属性

"轮廓"是指定义对象形状的线条，在 CorelDRAW 2024 中可以对其颜色、宽度、样式和端头等进行设置。

5.1.1　轮廓线颜色

调色板：在默认状态下，调色板显示在 CorelDRAW 2024 工作界面的右侧，常规调色板如图 5-1 所示。选定对象，右击调色板上的颜色，对象的轮廓颜色即可改变。如果调色板的当前色块中没有满意的颜色，可以单击调色板上、下方的 ∧、∨ 图标，或者单击调色板下方的 ≫ 图标，使调色板以宽幅显示（见图 5-2），在其中可选择更多颜色。

关闭调色板后，可执行"窗口"→"调色板"菜单命令，在弹出的"调色板"菜单（见图 5-3）中选择相应的命令，打开需要的调色板。这些命令也可用于切换调色板的颜色模型。

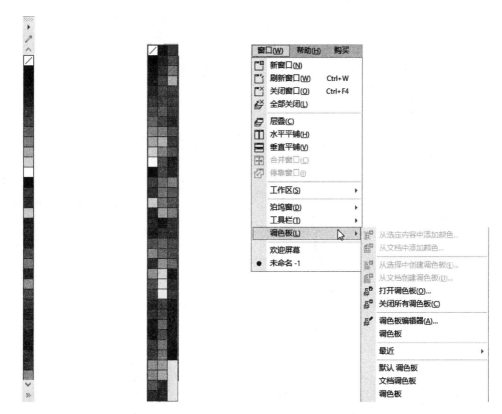

图 5-1　常规调色板　　　　图 5-2　宽幅调色板　　　　图 5-3　"调色板"菜单

执行"调色板"菜单中的"调色板编辑器"命令，弹出如图 5-4 所示的"调色板编辑器"对话框。在对话框上方的下拉列表中可选择调色板使用的颜色模型。左侧的颜色块可单击后编辑或删除，也可将新的颜色加入其中。在右侧的"将颜色排序"下拉列表中可以重新排序调色板中当前显示的颜色块，系统支持按"色度""亮度""饱和度""RGB 值""HSB 值"和"名称"等排序，也可将当前排序"反转"。

执行"工具"→"选项"→"自定义"命令，打开如图 5-5 所示的"选项"对话框"调色板"选项卡。在其中可设置调色板的显示方式及操作方法，请读者自行试用。

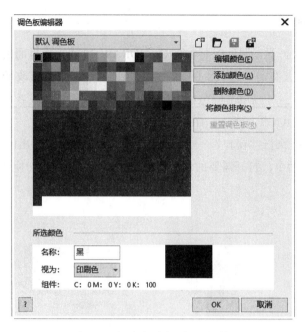

图 5-4 "调色板编辑器"对话框

图 5-5 "选项"对话框"调色板"选项卡

状态栏：选定要更改轮廓颜色的对象后，状态栏中的 🖊 图标后会显示出其当前的轮廓状态，如图 5-6 所示。双击 🖊 后面的色块，弹出如图 5-7 所示的"轮廓笔"对话框，在"颜色"下拉列表中可选择颜色。

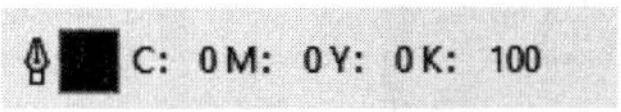

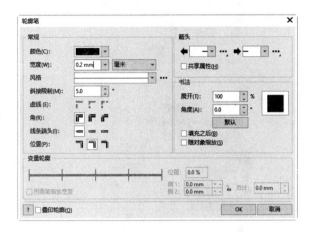

图 5-6　状态栏

图 5-7　"轮廓笔"对话框

工具箱：单击工具箱中 🖊 图标右下角的小三角形按钮 ◢，弹出如图 5-8 所示的工具条，单击工具条中的 🖌 或 🖊 图标，分别弹出如图 5-9 和图 5-7 所示的"选择颜色"对话框和"轮廓笔"对话框，在其中可设置颜色。如果想设置无色的轮廓，可以直接单击"轮廓"工具条中的 ✕ 图标。

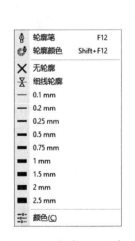

图 5-8　"轮廓"工具条

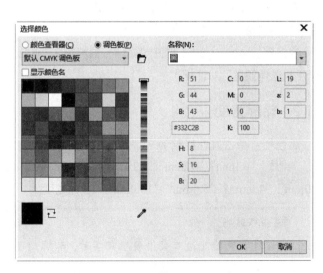

图 5-9　"选择颜色"对话框

泊坞窗：执行"窗口"→"泊坞窗"→"属性"菜单命令，打开如图 5-10 所示的"属性"泊坞窗。

执行"窗口"→"泊坞窗"→"颜色"菜单命令，打开如图 5-11 所示的"颜色"泊坞窗。选定要改变轮廓颜色的对象，在泊坞窗中选择需要的颜色（此泊坞窗的使用方法与"选择颜色"

对话框的使用方法相同），然后单击"轮廓"按钮。

图 5-10 "属性"泊坞窗

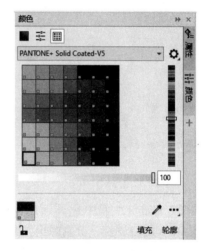

图 5-11 "颜色"泊坞窗

右键快捷菜单：选定要编辑的对象并右击，在弹出的快捷菜单中执行"属性"命令，弹出
"属性"泊坞窗。

快捷键：{Alt+Enter}（打开"属性"泊坞窗），{F12}（打开"轮廓笔"对话框），{Shift+F12}
（打开"选择颜色"对话框）。

5.1.2 轮廓宽度

属性栏：单击属性栏 🖊 0.2 mm ▾ 中右侧的 ▾ 按钮，在下拉列表中选择宽度。下拉列表中包括
"无""细线""0.1mm""0.2mm""0.25mm""0.5mm""0.75mm""1.0mm""1.5mm""2.0mm""2.5mm"
"3.0mm""4.0mm""5.0mm""10.0mm"15 种宽度。

> **▶▶ 操作技巧**
>
> 在设计精美的花边或突出表现文字时，较宽的轮廓往往有更好的装饰效果。在着重表
> 现对象内部肌理或使用以获取信息为主要目的的文字时，使用较细的轮廓比不用轮廓的效
> 果更好。

工具箱：单击工具箱中 🖊 图标右下角的小三角形按钮 ◢，弹出"轮廓"工具条，其中
图 5-12 所示的图标均可用于设置轮廓宽度。

泊坞窗：执行"窗口"→"泊坞窗"→"属性"菜单命令，打开"属性"泊坞窗。单击
"轮廓宽度"下拉列表右侧的 ▾ 按钮，打开如图 5-13 所示的下拉列表，可从中选择轮廓宽度。

状态栏：选定要更改轮廓宽度的对象，状态栏中的 图标后依次显示轮廓颜色和宽度，双击 图标，弹出"轮廓笔"对话框，可在此设定轮廓宽度，如图 5-14 所示。

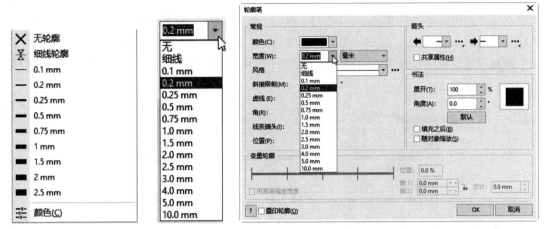

图 5-12　可用于设置轮廓宽度的图标　　图 5-13　"轮廓宽度"下拉列表　　图 5-14　在"轮廓笔"对话框中设定轮廓宽度

5.1.3　轮廓线样式

泊坞窗：执行"窗口"→"泊坞窗"→"属性"菜单命令，打开"属性"泊坞窗，如图 5-15 所示。单击"线条样式"下拉列表右侧的 按钮，打开下拉列表，从中可选择轮廓的线型。CorelDRAW 2024 中提供了 28 种预设轮廓线线型，如图 5-16 所示。

图 5-15　"属性"泊坞窗

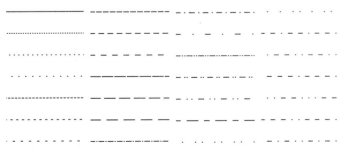

图 5-16　CorelDRAW 2024 中提供的 28 种预设轮廓线线型

115

除了已设定的线型外，用户还可以自行设置并存储重复单元内不超过 5 条虚线的线型。单击"属性"泊坞窗"线条样式"下拉列表右侧的"设置"按钮 ▬▬▬，弹出如图 5-17 所示的"编辑线条样式"对话框。单击样式设置条上的任意方块能够打开或关闭此方块，即控制此位置是否显示线条。用鼠标拖动滑块 [，可调节预设样式单元的长度。注意，样式设置条上的第一个方块应为开启状态（黑色），最后一个方块应为关闭状态（白色）。设置好线条样式后，单击"添加"按钮可将设置的样式加入到轮廓样式列表中，单击"替换"按钮则用设置的样式替换设置时使用的初始样式。

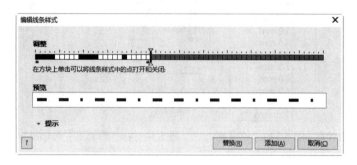

图 5-17 "编辑线条样式"对话框

➤ 操作技巧

样式设置条上用什么颜色开头、用什么颜色结束并不会影响样式的表达，因为设置的样式在一条相对较长的线上都是循环使用的。下面以 B 代表"黑"、以 W 代表"白"来说明：样式单元 BBWWW 与样式单元 BWWWB 重复 5 次得到的结果分别是 BBWWWBBWWWBBWWWBBWWWBBWWW 和 BWWWBBWWWBBWWWBBWWWBBWWWB，去掉第一条线上的第一个点和第二条线上的最后一个点，两条线完全相同。

属性栏：选定要编辑线型的对象，打开属性栏中的"线条样式"下拉列表（见图 5-18），选择需要的轮廓线型。

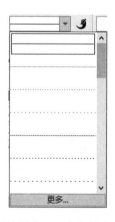

图 5-18 属性栏中的"线条样式"下拉列表

116

工具箱：单击工具箱中 ⬗ 右下角的 ◢ 按钮，在弹出的工具条中单击 ✑ 图标，弹出"轮廓笔"对话框，在其中的"线条样式"下拉列表中可设置线条样式，如图 5-19 所示。

状态栏：选定要更改轮廓宽度的对象，双击状态栏中的 ⬗ 图标，弹出"轮廓笔"对话框，在其中的"线条样式"下拉列表中可设置轮廓样式，如图 5-19 所示。

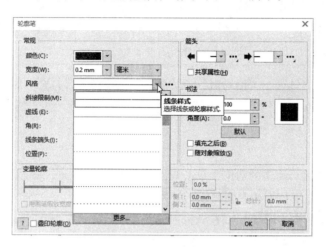

图 5-19　"轮廓笔"对话框中的"线条样式"下拉列表

5.1.4　角和线条端头

工具箱：单击工具箱中 ⬗ 右下角的 ◢ 按钮，在弹出的工具条中单击 ✑ 图标，弹出如图 5-7 所示的"轮廓笔"对话框，选定要编辑的对象，在"角"和"线条端头"右面的图标中可选择角和线条端头的样式。

"角"是对象轮廓折点（如矩形的角）的状态，包括尖角、圆角和斜切角，分别如图 5-20 ～图 5-22 所示。

图 5-20　尖角　　　　　　图 5-21　圆角　　　　　　图 5-22　斜切角

"线条端头"是对象轮廓端点（如直线的端头）的状态，包括方形端头、圆形端头和延伸方形端头，分别如图 5-23 ～图 5-25 所示。

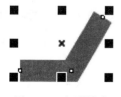　　　　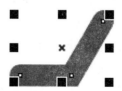　　　　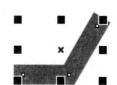

图 5-23　方形端头　　　　图 5-24　圆形端头　　　　图 5-25　延伸方形端头

117

泊坞窗：执行"窗口"→"泊坞窗"→"属性"菜单命令，打开"属性"泊坞窗，在其中可选择角和线条端头的样式。

5.1.5 箭头

属性栏：选定要编辑箭头的对象，单击属性栏中的按钮，打开"箭头"下拉列表，在其中可选择用于设置对象在左、右尽端的箭头形状，如图 5-26 所示。

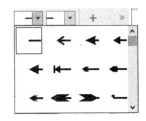

CorelDRAW 2024 中预设了左、右两侧各 90 种箭头样式供选择。图 5-27 所示为 CorelDRAW 2024 预设的左侧箭头样式。

图 5-26 属性栏中的"箭头"下拉列表

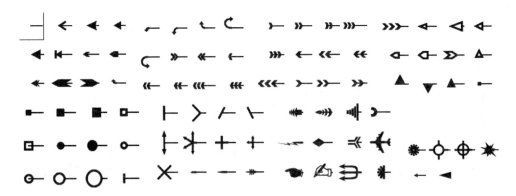

图 5-27 CorelDRAW 2024 预设的左侧箭头样式

工具箱：单击工具箱中右下角的按钮，在弹出的工具条上单击图标，弹出"轮廓笔"对话框，选定要编辑的对象，在如图 5-28 所示的"箭头"下拉列表中选择箭头的样式，单击箭头下方的"选项"按钮，可编辑箭头的形态。

泊坞窗：执行"窗口"→"泊坞窗"→"属性"菜单命令，打开"属性"泊坞窗。选定要编辑的对象，在如图 5-29 所示的和两个"箭头"下拉列表中选择箭头形态，单击和两个"箭头"下拉列表右侧的"箭头设置"按钮可编辑箭头样式。

状态栏：选定要编辑的对象，状态栏中的图标后依次显示轮廓颜色和宽度，双击图标或者颜色，弹出"轮廓笔"对话框，在如图 5-28 所示的"箭头"下拉列表中可选择箭头样式。

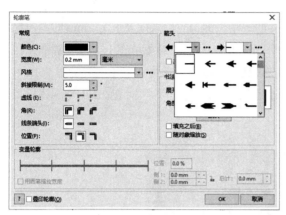

图 5-28 "轮廓笔"对话框中的"箭头"下拉列表

图 5-29 "属性"泊坞窗中的"箭头"
下拉列表

5.1.6 书法

工具箱：单击工具箱中右下角的◢按钮，在弹出的工具条上单击图标，弹出如图 5-30 的"轮廓笔"对话框，选定要编辑的对象，在"书法"选项组中可设置选项。"展开"的百分比是指线条端头显示的宽度与设定宽度的百分比。"角度"是指线条端头的外边缘与线条边缘的夹角。图 5-31 所示为对宽度为 2mm 的折线绘制的首端为双头箭头，尾端"展开"为 20%、"角度"为 20° 的书法效果。

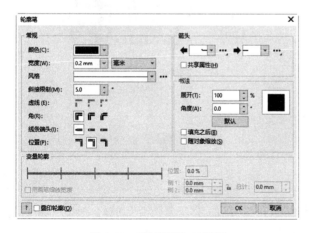

图 5-30 "轮廓笔"对话框

图 5-31 绘制折线双头箭头及书法效果

泊坞窗：执行"窗口"→"泊坞窗"→"属性"菜单命令，打开"属性"泊坞窗，在和区域设定"书法"。

5.1.7　后台填充

"后台填充"是指轮廓线与对象内部的前后覆盖关系。正常情况下，轮廓线应在对象填充的上层。以图 5-32 中的矩形对象为例，黑色的线为矩形的实际边缘位置，也就是黑色的线框包含的面积与矩形面积是相同的（这里可以把黑色的线框宽度认为是 0），外围的青色轮廓以填充的边缘为中心，向两侧的宽度各为设置宽度的一半，即当轮廓线的宽度为 2mm 时，对象内部的填充会被轮廓线遮住 1mm，在使用"后台填充"的情况下，对象填充不会被轮廓线遮住，而是遮住轮廓线，即轮廓线显示出来的宽度只有设置宽度的一半，另一半（也就是图 5-32 中黑色线以内的部分）会在填充层之下。图 5-33 和图 5-34 所示为结合标尺对宽 2mm 轮廓线放大后未使用和使用"后台填充"效果的对比。

图 5-32　矩形对象

图 5-33　宽 2mm 轮廓线放大后未使用"后台填充"的效果

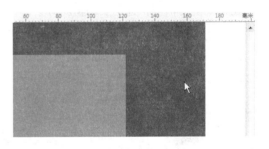

图 5-34　宽 2mm 轮廓线放大后使用"后台填充"的效果

> ▶ **操作技巧**
>
> 当轮廓线内部对象非常精细但又需要较宽轮廓线时，使用"后台填充"可以防止轮廓线将对象内部的细节覆盖。

工具箱：单击工具箱中 右下角的 ◢ 按钮，在弹出的工具条上单击 图标，弹出"轮廓笔"对话框，选定要编辑的对象，选择"填充之后"复选框。

泊坞窗：执行"窗口"→"泊坞窗"→"属性"菜单命令，或者选定要编辑的对象，右击，选择"属性"，打开"属性"泊坞窗，选择"填充之后"复选框。

5.1.8 按图像比例显示

"按图像比例显示"可用来保持轮廓的相对宽度。

工具箱：单击工具箱中 🖊下右下角的 ◢ 按钮，在弹出的工具条上单击 🖊图标，打开"轮廓笔"对话框，选定要编辑的对象，选择"随对象缩放"复选框。

泊坞窗：执行"窗口"→"泊坞窗"→"属性"菜单命令，打开"属性"泊坞窗，选择"随对象缩放"复选框。

5.1.9 复制轮廓

在为对象设定了轮廓属性之后，可以通过复制的方法将这种属性赋予其他的对象轮廓。这样可以节省大量的时间而不用去做重复的工作。被赋予属性的对象，它本身的属性几乎全部被改变，则变成一个新的对象。而复制对象轮廓的操作仅仅是将一个对象的轮廓线的属性复制给另一个对象，轮廓线属性对象其他方面的属性并没有发生改变。下面举例说明。

图 5-35　创建两个图形对象

1）创建两个图形对象，如图 5-35 所示。

2）为其中的一个对象设定轮廓线的颜色、线宽及是否后台填充等。

3）用鼠标右键将这个对象拖动到另外一个对象上，当鼠标指针变成一个圆中间有一个十字的时候松开鼠标右键。这时会弹出如图 5-36 所示的快捷菜单。

4）单击快捷菜单中的"复制轮廓"命令，轮廓即可被复制到另一个对象上，结果如图 5-37 所示。

图 5-36　快捷菜单

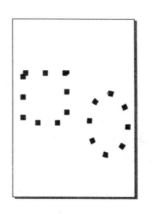

图 5-37　复制轮廓

5.2 填充属性

5.2.1 均匀填充

均匀填充即纯色填充，填充后的对象整体保持统一的颜色。

均匀填充是最简单、最普通的填充方式，可应用于对象的单色填充，也可应用于绘图页面中所选对象的单色填充。

调色板：选定要编辑的对象，单击调色板上的颜色块。如果未选定对象，选择的颜色将应用于下次编辑的艺术笔、图形或段落文本等（可在弹出的如图5-38所示的对话框中选择）。

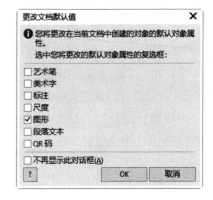

图5-38　"更改文档默认值"对话框

泊坞窗：执行"窗口"→"泊坞窗"→"属性"菜单命令，打开如图5-39所示的"属性"泊坞窗（开启此泊坞窗时如果显示的不是"填充"选项，可单击◇图标进行切换），单击"均匀填充"按钮■，如图5-40所示。

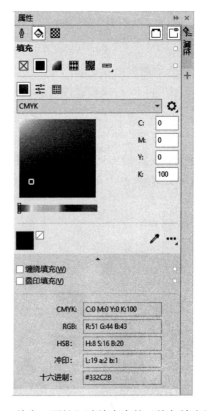

图5-39　"属性"泊坞窗中的"填充"选项　　　图5-40　单击"属性"泊坞窗中的"均匀填充"按钮

快捷键：按 {F11} 键，打开"编辑填充"对话框，选择"均匀填充"选项，如图 5-41 所示。

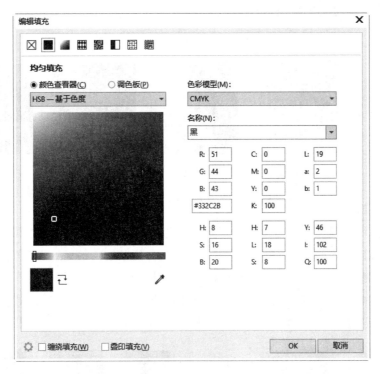

图 5-41 "编辑填充"对话框中的"均匀填充"选项

5.2.2 渐变填充

"渐变填充"是指在对象内部使用两种或多种颜色的平滑渐变进行填充。渐变的路径可以是线性、椭圆形、圆锥形或矩形，各种渐变路径的填充效果如图 5-42 所示。其中，双色渐变填充可用于从一种颜色到另一种颜色的逐步过渡，而自定义填充可用于多种颜色的渐变。

显著双色的颜色渐变过程，系统默认 256 为步过渡，即在两种设定颜色间由 256 种颜色过渡形成。这里，"256 种颜色"称为"步长"，也可自行设定步长以获得更为细腻或更为直接的效果。

|a) 线性|b) 椭圆形|c) 圆锥形|d) 矩形|

图 5-42 各种渐变路径的填充效果

双色渐变的效果除依路径的不同受不同因素的影响外，还会受到调和颜色中点位置的影响。"颜色中点位置"是指设置的双色色阶中值形成的颜色在填充对象中所处的位置。图 5-43 所示为颜色中点在不同位置的黑白双色填充效果。

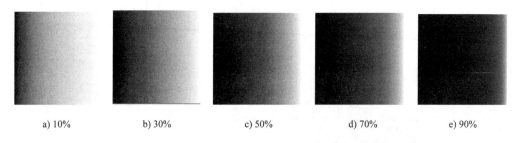

a) 10%　　　　　b) 30%　　　　　c) 50%　　　　　d) 70%　　　　　e) 90%

图 5-43　颜色中点在不同位置的黑白双色填充效果

"线性渐变"的效果还与角度和边界百分比有关。"角度"是指填充颜色在对象中变化的方向，在默认状态下为 0°，即在对象中从左至右由颜色一到颜色二渐变。当"角度"改变时，填充颜色的方向按逆时针变化。不同角度的线性渐变效果如图 5-44 所示。"边界百分比"是指填充区域内用于两种颜色逐渐过渡以外的区域面积占填充区域面积的百分比，"边界"显示为两种设置的颜色。不同边界百分比的线性渐变效果如图 5-45 所示。

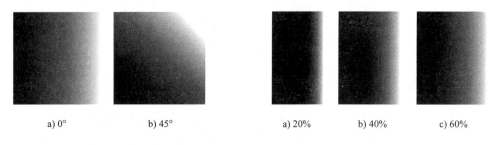

a) 0°　　　　　b) 45°　　　　　　　　a) 20%　　　　b) 40%　　　　c) 60%

图 5-44　不同角度的线性渐变效果　　　　图 5-45　不同边界百分比的线性渐变效果

> ➤ **特别提示**
> "边界百分比"的最大允许值为 49%。

"椭圆形渐变"的效果与中心位移百分比和边界百分比有关。"椭圆形渐变"的中心位于所填充对象的几何中心，此中心可以偏移至对象的任意位置，甚至偏移至所填充对象以外，中心占填充对象相应长度的百分比为"中心位移百分比"。图 5-46 所示为不同中心位移百分比的黑白二色椭圆形渐变效果。

> ➤ **特别提示**
> 当"椭圆形渐变"的中心位移百分比超过 50% 时，中心偏移至所填充对象之外，填充对象不再显示为两种所选颜色的过渡，只能显示一种所选颜色到两种所选颜色之间某色调的过渡。

a) 水平 50%、垂直 30%   b) 水平 80%、垂直 100%

图 5-46 不同中心位移百分比的黑白二色椭圆形渐变效果

"圆锥渐变"的效果与中心位移百分比、边界百分比有关。

"矩形渐变"的效果与中心位移百分比、角度、边界百分比有关。

快捷键：按 {F11} 键，打开"编辑填充"对话框，选择"渐变填充"选项，如图 5-47 所示。

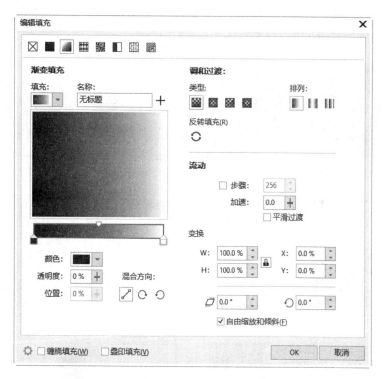

图 5-47 "编辑填充"对话框中的"渐变填充"选项

在"调和过渡"选项组的"类型"中选择"线性渐变填充"类型，单击颜色条下方的滑块，可以在颜色下拉列表中调整颜色，如图 5-48 所示。可拖动颜色条上方的 滑块确定颜色中点位置，或直接在滑块下方的"位置"文本框中输入数字确定颜色中点位置。在"混合方向"选项组中有 3 个图标，如图 5-49 所示。各图标的含义如下：

线性颜色调和：沿直线从起始颜色开始，持续跨越色轮直至结束颜色调和颜色。

顺时针颜色调和：沿顺时针路径围绕色轮调和颜色。

逆时针颜色调和：沿逆时针路径围绕色轮调和颜色。

图 5-48　调整颜色

混合方向：

图 5-49　"混合方向"选项组

除了自定义效果外，还可使用填充挑选器中的效果，或在这些效果的基础上做出适当调整。图 5-50 所示为部分填充挑选器中的效果。

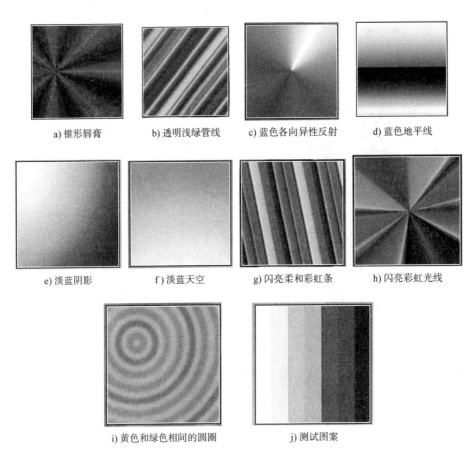

a) 锥形唇膏　　　　b) 透明浅绿管线　　　c) 蓝色各向异性反射　　　d) 蓝色地平线

e) 淡蓝阴影　　　　f) 淡蓝天空　　　　g) 闪亮柔和彩虹条　　　h) 闪亮彩虹光线

i) 黄色和绿色相间的圆圈　　　　j) 测试图案

图 5-50　部分填充挑选器中的效果

其他渐变填充类型与"线性渐变"填充类型相似，这里不再赘述。

工具箱（交互式填充工具）：单击工具箱中◇右下角的◢按钮，弹出如图 5-51 所示的"交互式填充"工具条。下面用"交互式填充"工具制作"晶莹水滴"，先单击工具条中的🔷图标（交互式填充工具图标），再单击要填充的对象（见图 5-52a），然后在调色板中选择要填充的颜色 A，填充对象整体，如图 5-52b 所示。将鼠标指针移动到被填充对象上准备使用当前颜色的位置，按下鼠标左键并移动至要填充下一种颜色的位置，释放鼠标，此时按下鼠标左键和释放鼠标时的位置各出现 1 个"□"，两个"□"之间以带箭头的线相连，箭头指向释放鼠标时的"□"所在位置，被填充对象在箭头指向的方向从颜色 A 向无色过渡，如图 5-52c 所示。再用调色板选择一种颜色 B，被填充对象即可沿箭头指向方向形成由颜色 A 向颜色 B 过渡，如图 5-52d所示。双击带箭头的线上的任意位置，此位置上会出现 1 个"□"，如图 5-52e 所示。单击此"□"，再使用调色板选择颜色 C，被填充对象会沿箭头指向方向形成从颜色 A 到颜色 C 到颜色 B 的过渡，如图 5-52f 所示。重复上述操作，可以得到多种颜色相互过渡的效果，如图 5-52g、h 所示。

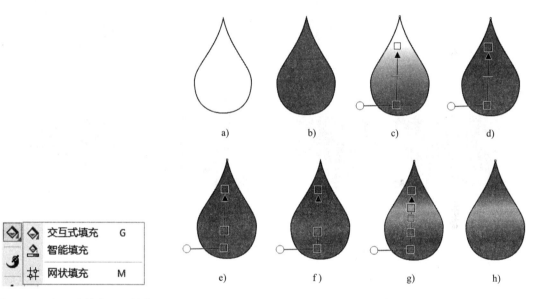

图 5-51　"交互式填充"工具条　　　　图 5-52　用"交互式填充"工具制作"晶莹水滴"

> ▶ 操作技巧
>
> 　　使用"交互式填充"时，可以用鼠标拖动指示线、箭头，调整填充颜色的位置及变化方向。箭头允许被拖到对象外部。
>
> 　　使用"交互式填充"设置颜色时，如果在使用调色板选色的同时按住 Ctrl 键，指定位置的颜色不会变为选择的颜色，而是变为在当前颜色的基础上加入微量所选色的混合色。

　　工具箱（交互式网状填充工具）：选定被填充对象，单击工具箱中🔷右下角的◢按钮，弹出如图 5-51 所示的"交互式填充"工具条，单击工具条中的图标（交互式网状填充工具图标），被填充对象上出现虚线显示的颜色渐变控制线，如图 5-53a 所示。单击虚线控制线上的控制点，以此控制点为中心，此控制点所有相邻控制点的控制线会被激活，如图 5-53b 所示。在调色板中选择要填充的颜色，从被激活的中心控制点向相邻控制点呈现各点指定颜色的渐变，如图 5-53c 所示。用鼠标拖动控制线，控制线由直线变为弧线，同时指定的颜色也以控制线为中心，中心位置随控制线位置的变化而偏移，并出现相应的渐变效果，如图 5-53d 所示。如果想更精细地调节渐变，可单击控制点，此时控制点会出现 3 条导线，用鼠标拖动导线可以使渐变色的中心指向发生变化，如图 5-53e 所示。由于只能在控制点上设置颜色，形成渐变效果，因此为了在同一对象内设置更多的颜色，就需要增加控制点（可以通过在对象内部需要添加控制点处双击来完成），如图 5-53f 所示。使用"交互式网状填充工具"对矩形对象进行处理制作的烟幕效果如图 5-53g 所示。

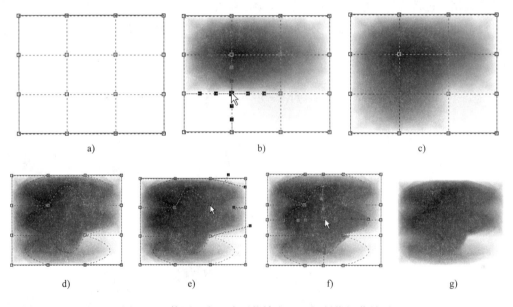

图 5-53　使用"交互式网状填充"工具制作烟幕效果

泊坞窗：执行"窗口"→"泊坞窗"→"属性"菜单命令，打开"属性"泊坞窗（开启此泊坞窗时如果显示的不是"填充"选项，可单击◇图标进行切换），在"填充类型"选项组中单击"渐变填充"按钮，此时的"属性"泊坞窗如图 5-54 所示。使用▨ ▨ ▨ ▨选择填充路径，拖动颜色滑块调整填充颜色。

5.2.3　图样填充

"图样填充"是指将图样列表中的预设图样（用户也可自行预设图样并加入预设列表）填充到被选定的封闭对象中。CorelDRAW 2024 中预设的图样包括向量图样、位图图样和双色图样 3 种。

"向量图样"可以是矢量图案或位图图案，可以使用两种以上颜色和灰度填充对象，比"双色图样"色彩更丰富。与"双色图样"不同，预设的"向量图样"不能编辑颜色，要改变颜色只能新建图样。图 5-55 所示为一些预设的向量图样。

图 5-54　单击"渐变填充"按钮后的"属性"泊坞窗

　　"位图图样"就是普通的彩色图片，它比"双色图样"和"向量图样"色彩更丰富，变化更多样，但是体积较大。图 5-56 所示为一些预设的位图图样。

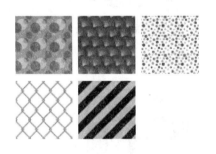

图 5-55　预设的向量图样

图 5-56　预设的位图图样

　　"双色图样"是由两种颜色构成的图案，图案分前景色和背景色，允许分别设置两种颜色，也允许用户设置图样。图 5-57 所示为预设的双色图样。

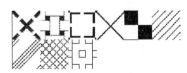

图 5-57　预设的双色图样

为了达到更满意的视觉效果，对图样的原点、大小、倾斜角度都可进行变换（原点变换的填充效果见图 5-58，倾斜角度变换的填充效果见图 5-59）。此外，由于在对象中进行图样填充时，通常会连续地显示最小单元样式，在最小单元排列时做行（或列）偏移能得到更丰富的填充效果，如图 5-60 所示。

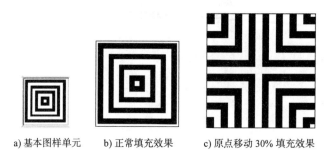

　　　a) 基本图样单元　　　　b) 正常填充效果　　　　c) 原点移动 30% 填充效果

图 5-58　原点变换的填充效果

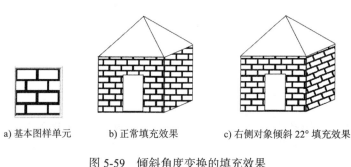

　　　a) 基本图样单元　　　　b) 正常填充效果　　　　c) 右侧对象倾斜 22° 填充效果

图 5-59　倾斜角度变换的填充效果

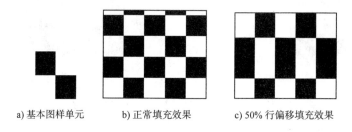

　　　a) 基本图样单元　　　　b) 正常填充效果　　　　c) 50% 行偏移填充效果

图 5-60　在最小单元排列时做行位移的填充效果

　　快捷键：按 {F11} 键，打开"编辑填充"对话框，选择"双色图样填充"图标■，如图 5-61 所示。

　　双色图样填充仅包括选定的两种颜色。向量图样填充则是比较复杂的矢量图形，可以由线条和填充组成，可以有彩色或透明背景。位图图样填充是一种位图图像，其复杂性取决于其大小、图像分辨率和位深度。

　　在"前部颜色"或"背面颜色"下拉列表中选择需要的颜色，如图 5-62 所示。在默认状态下，黑色的部分使用前部颜色，白色的部分使用背面颜色显示。设置的前部颜色和背面颜色会应用到所有选择的双色图样上。

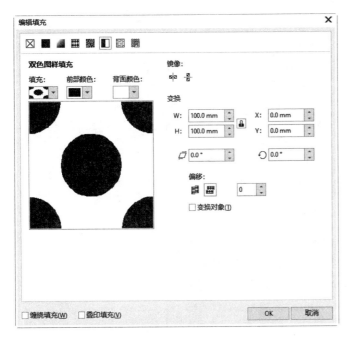

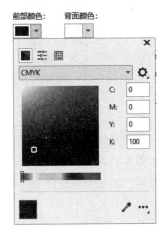

图 5-61　选择"编辑填充"对话框中的"双色图样填充"　　　　图 5-62　选择颜色

"镜像填充"可以理解为将填充图样做水平、垂直镜像，并在 2×2 的无缝区域内左上角放置原对象，右上角放置水平镜像结果，左下角放置垂直镜像结果，右下角放置水平且垂直镜像结果，形成新的填充单元，再填充在所选对象中，如图 5-63 所示。

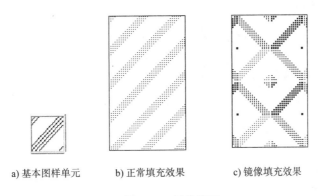

a) 基本图样单元　　　　b) 正常填充效果　　　　c) 镜像填充效果

图 5-63　镜像填充

继续在"双色图样填充"操作界面右侧的"变换"选项组中设置图样填充时的显示效果。"W"（填充宽度）或"H"（填充高度）是指图样单元的显示大小；"X"（水平位置）或"Y"（垂直位置）是指图样中心相对于被填充对象中心原点的位置； （倾斜）和 （旋转）是指对填充单元的作用，作用效果与对象的"倾斜""旋转"相同； （列偏移）或 （行偏移）是指填充单元在填充对象中反复使用时不同行或列对于上一行或列偏移的百分比。勾选"变换对象"复选框，在对被填充对象进行旋转、倾斜等操作时，填充图样会与对象成为一体发生变化；若未勾选此复选框，则当被填充对象发生变化时，只是填充范围与对象的变化结果相同，其他状态（如倾斜、旋转等）均保持原样不变。变换填充效果如图5-64所示。

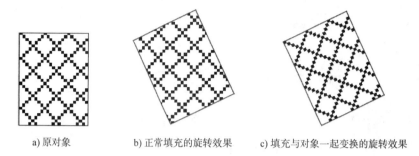

a) 原对象　　　　　　b) 正常填充的旋转效果　　　　c) 填充与对象一起变换的旋转效果

图 5-64　变换填充效果

如果选择"向量图样填充"图标▦或"位图图样填充"图标▧，则"编辑填充"对话框分别如图5-65和图5-66所示。其操作方法与选择"双色图样填充"基本相同，只是不能选择"前部颜色"和"背面颜色"，以及不能创建图样，这里不做详细介绍。

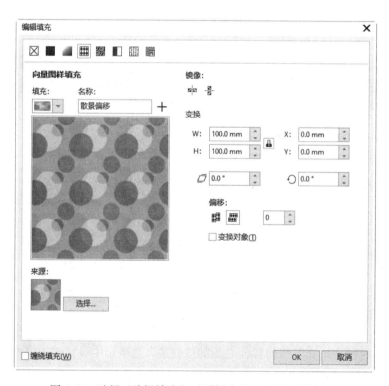

图 5-65　选择"编辑填充"对话框中的"向量图样填充"

泊坞窗：执行"窗口"→"泊坞窗"→"属性"菜单命令，打开"属性"泊坞窗（开启此泊坞窗时如果显示的不是"填充"选项，可单击◇图标进行切换）。单击▨ ▰ ◢ ▦ ▧ ▮按钮选择填充类型，在泊坞窗中可完成各种填充的颜色设置及各种填充的预设图样选择。图5-67所示为选择"双色图样填充"后的"属性"泊坞窗。

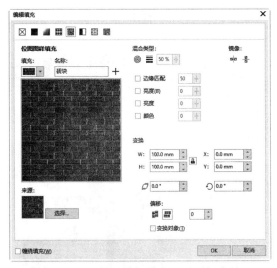

图 5-66 选择"编辑填充"对话框中的
"位图图样填充"

图 5-67 选择"双色图样填充"后
的"属性"泊坞窗

5.2.4 底纹填充

"底纹填充"是一种随机生成的填充方式,默认情况下是用一个图像来填充对象或图像。CorelDRAW 2024 在不同的样本库里预设了千余种底纹,图 5-68 所示为 CorelDRAW 2024 预设的部分底纹填充效果。各种底纹的颜色、所用色块尺寸、颜色、亮度,以及排布方式、分辨率等要素都允许重新设置。

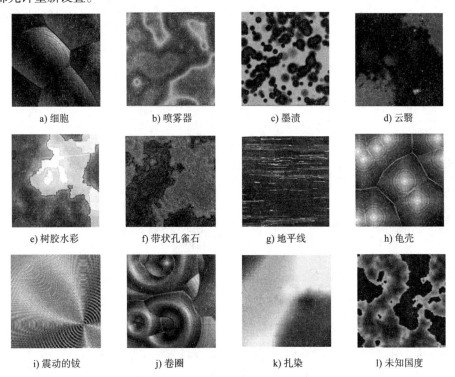

| a) 细胞 | b) 喷雾器 | c) 墨渍 | d) 云翳 |

| e) 树胶水彩 | f) 带状孔雀石 | g) 地平线 | h) 龟壳 |

| i) 震动的钹 | j) 卷圈 | k) 扎染 | l) 未知国度 |

图 5-68 CorelDRAW 2024 预设的部分底纹填充效果

快捷键：按 {F11} 键，打开"编辑填充"对话框，选择"底纹填充"图标▦，如图 5-69 所示。

单击"填充"下面的下拉按钮，打开如图 5-70 所示的下拉列表，在其中选择的底纹可显示在预览框中。

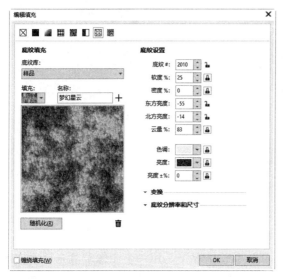

图 5-69 选择"编辑填充"对话框中的"底纹填充"

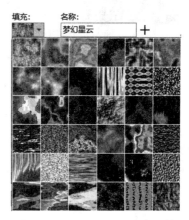

图 5-70 "填充"下拉列表

"名称"文本框中显示的内容会因选择的底纹不同而不同，如图 5-71 和图 5-72 所示。单击选项后面的🔒图标，使其变为🔓，可编辑参数值。具体的变化效果这里不做详细介绍，请读者自行体验。

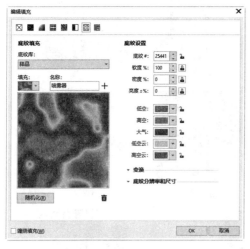

图 5-71 "喷雾器"底纹

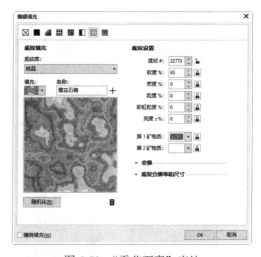

图 5-72 "雪花石膏"底纹

在"底纹库"下拉列表中选择使用的样式，单击"名称"文本框右侧的＋图标，弹出如图 5-73 所示的"保存底纹为"对话框，可在其中设置当前底纹保存的库名称。单击"预览"窗口下方的🗑图标，弹出如图 5-74 所示的对话框，在其中可确定是否删除当前选择的底纹。

图 5-73 "保存底纹为"对话框

图 5-74 询问是否确定删除底纹对话框

泊坞窗：执行"窗口"→"泊坞窗"→"属性"菜单命令，打开"属性"泊坞窗（开启此泊坞窗时如果显示的不是"填充"选项，可单击 ◇ 图标进行切换）。单击"底纹填充"图标▦，进入"底纹填充"操作界面，如图 5-75 所示。在"底纹填充"下拉列表中可选择底纹库。在下方的下拉列表中可选择当前底纹库中的底纹类型。如果需要对底纹进行编辑，可单击泊坞窗中的"编辑填充"图标 ，在弹出的对话框中进行操作。

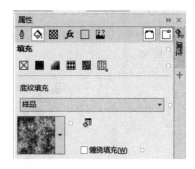

图 5-75 "属性"泊坞窗中的"底纹填充"操作界面

5.2.5 PostScript 填充

"PostScript 填充"是用 PostScript 语言设计的一种填充类型，单纯从视觉效果上看，它与"图样填充"较为相似，图 5-76 所示为 CorelDRAW 2024 预设的部分 PostScript 填充效果。与"图样填充"相比，"PostScript 填充"为用户提供了更大的调节预设对象的空间，可对前景和背景的灰度、频度、间距、行宽、最大种子数等属性进行修改。图 5-77 所示为不同参数值的PostScript "建筑"填充效果。

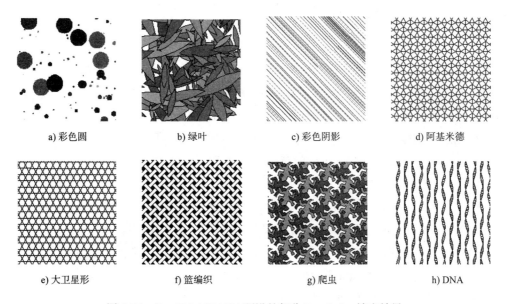

a) 彩色圆   b) 绿叶   c) 彩色阴影   d) 阿基米德

e) 大卫星形   f) 篮编织   g) 爬虫   h) DNA

图 5-76 CorelDRAW 2024 预设的部分 PostScript 填充效果

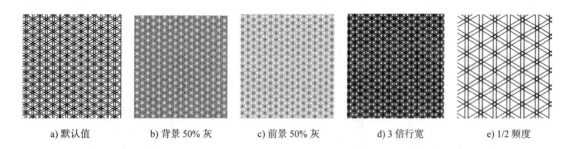

| a) 默认值 | b) 背景 50% 灰 | c) 前景 50% 灰 | d) 3 倍行宽 | e) 1/2 频度 |

图 5-77　不同参数值的 PostScript "建筑" 填充效果

快捷键：按 {F11} 键，打开 "编辑填充" 对话框，选择 "PostScript 填充" 图标，如图 5-78 所示。

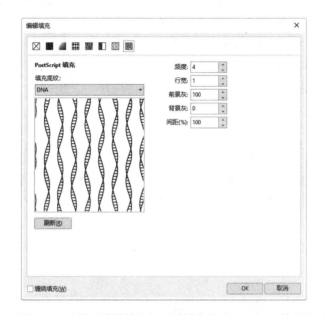

图 5-78　选择 "编辑填充" 对话框中的 "PostScript 填充"

在 "填充底纹" 下拉列表中选择填充类型，所选类型会显示在下方的预览框中。

根据所选填充类型的不同，在 "PostScript 填充" 操作界面右侧的参数栏中会显示不同的参数供用户设置。其中，"频度" 值越大，单位面积上的填充单元越多，显示越密集；"行宽" 值越大，线条越粗；"前景灰" "背景灰" 值越大，颜色越深；"间距（％）" 值越大，填充单元越稀疏。

泊坞窗：执行 "窗口" → "泊坞窗" → "属性" 菜单命令，打开 "属性" 泊坞窗（开启此泊坞窗时如果显示的不是 "填充" 选项，可单击◇图标进行切换）。在 "填充类型" 列表中单击 "PostScript 填充" 图标，进入 "PostScript 填充" 操作界面，如图 5-79 所示。在

图 5-79　"属性" 泊坞窗中的 "PostScript 填充" 操作界面

136

"PostScript 填充"下拉列表中可选择填充类型。如果需要对"PostScript 填充"进行编辑，可单击泊坞窗中的"编辑填充"图标，在弹出的对话框中进行操作。

> ➤ **特别提示**
>
> PostScript 底纹真正的填充效果只有在增强型显示下才能看到，在普通显示下是看不到的。

5.3 实例——葵花向阳

1）新建一个文件，并将文件设置为横向，如图 5-80 所示。然后将文件存在"设计作品"文件夹中，命名为"葵花向阳 .cdr"。

2）使用工具箱中的椭圆形工具○绘制如图 5-81 所示的一个圆形和一个椭圆形。

图 5-80　新建文件

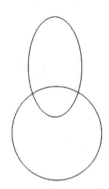

图 5-81　绘制圆形和椭圆形

3）将标尺原点拖到圆形对象的中心，如图 5-82 所示。然后将圆形对象的中心设置为点（0，0），将椭圆形对象中心的水平值设置为 0，如图 5-83 所示。

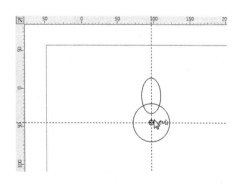

图 5-82　将标尺原点拖到圆形对象的中心

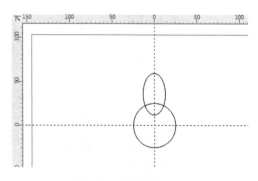

图 5-83　设置对象中心

4）按 {F11} 键，打开"编辑填充"对话框，单击"渐变填充"图标，进入"渐变填充"操作界面，设置颜色为黄色系的过渡，在 270° 的方向线性填充椭圆形对象，如图 5-84 所示。

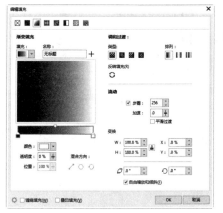

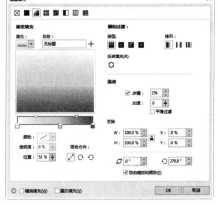

a) 打开"编辑填充"对话框　　　　　　　b) 设置"渐变填充"参数　　　　　　c) 操作效果

图 5-84　　渐变填充椭圆形对象

5）将椭圆形对象的轮廓线去掉，如图 5-85 所示，形成一片花瓣。

6）执行"窗口"→"泊坞窗"→"变换"菜单命令，打开"变换"泊坞窗。选择"变换"泊坞窗中的"旋转"选项，以点（0，0）为中心，做 20° 旋转，设置副本数量为 18，选择要旋转的对象。然后单击"应用"按钮，生成 18 片花瓣，如图 5-86 所示。

7）按 {F11} 键，打开"编辑填充"对话框，单击"双色图样填充"图标■，进入"双色图样填充"操作界面，填充图样选择圆点，并将"前部颜色"设置为

图 5-85　去掉椭圆形对象的轮廓线

CMYK（参数分别为 0、20、40、40），"背面颜色"设置为 CMYK（0，40，60，20），将圆形直径设置为 5.0mm，作为花盘，对花瓣中心的圆形对象进行双色填充，如图 5-87 所示。

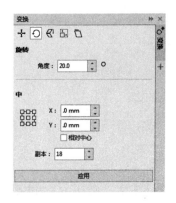

a) 选择"变换"选项　　　　　　　　　　b) 操作方法

图 5-86　　旋转并再制对象

c) 生成一个副本　　　　　　　　　d) 生成 18 片花瓣

图 5-86　旋转并再制对象（续）

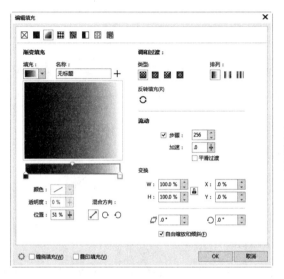
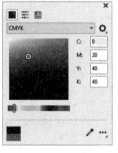

a) 打开"编辑填充"对话框　　　　b) 设置"前部颜色"　　　　c) 设置"背面颜色"

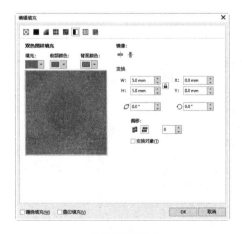

d) 设置圆形大小　　　　　　　　　e) 操作效果

图 5-87　对圆形对象进行双色填充

8）去掉花盘的轮廓线颜色，如图5-88所示。

9）创建一个矩形对象，将矩形对象的高度、宽度分别设置为120mm、3mm，并将轮廓及填充均设置为绿色，作为花柄，如图5-89所示。

10）单击工具箱中的"常见形状工具"图标 ，在属性栏中选择"心形图形"绘制心形。然后倾斜并旋转心形对象，使其成为叶片的形状，如图5-90所示。

图5-88　去掉花盘的轮廓线颜色　　　图5-89　创建并编辑矩形对象　　　图5-90　倾斜并旋转心形对象

11）绘制曲线，将其移动到心形对象中，然后对其进行缩放、倾斜、旋转、镜像等操作，创建叶脉的效果，如图5-91所示。

图5-91　绘制并编辑曲线对象

12）将叶片主脉的线条宽度设置为"2.0pt"，将叶片主脉的线条端头样式改为圆形，将其他叶脉的线条宽度设置为"1.0pt"，颜色都改为绿色，操作结果如图5-92所示。

a）设置主脉线条颜色、宽度、端头　　　b）设置其他叶脉线条颜色、宽度　　　c）操作效果

图5-92　设置叶脉参数及操作结果

13）选择线性路径，颜色分别使用绿（CMYK 参数分别为 100、0、100、0）和月光绿（CMYK 参数分别为 20、0、60、0），渐变填充叶片，如图 5-93 所示。

14）去掉叶片轮廓的颜色，如图 5-94 所示。

图 5-93　渐变填充叶片

图 5-94　去掉叶片轮廓的颜色

15）移动花盘、花柄和叶片的位置，使它们相互配合，组合成一个对象，如图 5-95 所示。

16）创建一个叶片副本并放置在花柄的另一侧，如图 5-96 所示。

17）对叶片副本做水平镜像，并通过适当缩放、旋转、倾斜使其与原来的叶片有所不同，然后移动到适当的位置，如图 5-97 所示。

18）用上述方法再添加几个叶片，群组全部对象，生成葵花对象，如图 5-98 所示。

19）创建几个葵花对象副本，并适当地调节尺寸，使它们错落有致地叠放在一起。创建完成的作品"葵花向阳"如图 5-99 所示。然后保存文件。

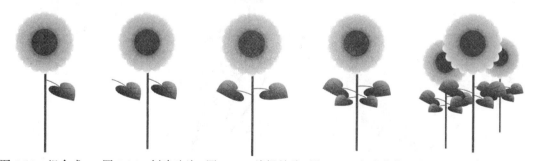

图 5-95　组合成一个对象

图 5-96　创建叶片副本

图 5-97　编辑并移动叶片副本

图 5-98　生成葵花对象

图 5-99　创建完成的作品"葵花向阳"

5.4 思考与练习

一、选择题

1. 默认状态下，使用右击调色板中的颜色可用于设置（　　）颜色。

    A. 对象填充　　　　B. 对象轮廓　　　　C. 对象填充和轮廓　　　　D. 调色板菜单

2. 同样尺寸的对象，同样宽度的轮廓线，应用"后台填充"比不应用"后台填充"，对象显示出的最外端轮廓（　　）。

    A. 较大　　　　　　B. 较小　　　　　　C. 一样大　　　　　　D. 不一定

3. 填充出的对象一般为单色的是（　　）。

    A. 均匀填充　　　　B. 渐变填充　　　　C. 底纹填充　　　　D. PostScript 填充

4. 使用交互式填充工具一般用于获得（　　）效果。

    A. 渐变填充　　　　B. 图样填充　　　　C. 底纹填充　　　　D. PostScript 填充

5. 使用渐变填充、图样填充、底纹填充和 PostScript 填充的预设样例时，都允许修改（　　）。

    A. 重复样例时的行、列对齐方式　　　　B. 样例的分辨率

    C. 样例中各对象的相对尺寸关系　　　　D. 样例的颜色

二、上机操作题

绘制争艳的群花。

> **➤ 特别提示**
>
> 使用本章中的素材，尝试对对象做其他方式的组合和填充。图 5-100 ～ 图 5-102 给出了一些参考效果。

图 5-100　彩蝶闹春

图 5-101　山花烂漫

图 5-102　花语传情

第*6*章　文本的应用

人文素养

我国著名平面设计师陈绍华先生是当代中国十分有个性、有成就的设计大师之一。他的作品——北京申奥标志，从民族文化精神入手，将奥运五环与中国太极相结合，并经画家韩美林修改，形神兼备，受到了国际平面设计界的高度重视。陈绍华先生设计过中央美术学院院徽、亚洲发展银行（上海）年会会徽及大量知名企业的标志。他非常重视设计作品中的中国精神，擅长把中国精神通过设计作品中的色彩、图形等元素表现出来。他是一位具有民族爱国情结、历史使命感和社会责任感并且能够展现中国精神的设计师。

身为青年，要增强历史使命感和社会责任感，努力学习专业知识，提高自己的实践能力，在设计中融入中国精神的精髓。

本章导读

在设计作品中，除图形对象之外，还常常会加入文本对象。修饰得当的文本对象不仅能够传递信息，还能够给人以视觉的享受。本章将学习有关文本处理的方法，包括文本创建和编辑、格式设置、特效应用等。

学习目标

1. 熟练掌握文本创建、编辑及格式设置的方法。
2. 了解书写工具、辅助工具的作用及用法。
3. 熟悉文本特效能达到的效果及操作方法。

6.1　文本基础

6.1.1　文本创建

在 CorelDRAW 2024 中可以创建"美术字文本"和"段落文本"两种类型的文本。

工具箱：创建美术字文本时，单击**字**图标，激活文本工具，鼠标指针变为如图 6-1 所示的形状，在绘图区内的任意位置单击，输入文字，然后单击绘图区的其他区域或选择其他命令结束输入。

　　创建段落文本也要激活文本工具。在绘图区内的任意位置按住并拖动鼠标左键到其他位置，释放鼠标左键，在绘图区内绘制以按下和释放鼠标左键位置为对顶点的矩形段落文本框（见图6-2），然后在文本框内输入文本。对于段落文本，输入文本前后均可用鼠标拖动文本框改变其位置或尺寸，此时文本的位置会随文本框位置的改变而改变，超出文本框的文本会被自动隐藏。

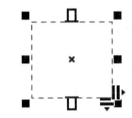

图6-1　激活文本工具时的鼠标指针　　　　　图6-2　矩形段落文本框

> ➤ **特别提示**
> 创建美术字文本时，需要手动按 Enter 键换行。创建段落文本时，文字将按文本框划定位置自动换行。但在特效应用方面，段落文本不如普通文本灵活。

6.1.2　文本类型转换

　　工具箱：当选定的文本为美术字文本时，执行"文本"→"转换为段落文本"菜单命令，可将美术字文本转换为段落文本。当选定的文本为段落文本时，执行"文本"→"转换为美术字"菜单命令，可将段落文本转换为美术字文本。

　　快捷键：{Ctrl+F8}。

> ➤ **特别提示**
> 使用文本框输入段落文本后，默认状态下，文本框会始终以虚线框的形式显示。可执行"文本"→"段落文本框"→"显示文本框"菜单命令切换文本框的显示状态。

6.1.3　文本编辑

　　工具箱：单击**字**图标，或使用选择工具时双击文本，激活文本工具，在已输入的文本上需要编辑的位置单击，出现光标，如图6-3所示。使用鼠标或方向键移动光标，按 Backspace 键可删除光标前的文字，按 Delete 键可删除光标后的文字。也可重新录入或粘贴文字。

　　或在文本上任意位置按下并拖动鼠标到一段文字后再释放鼠标，选定此段文字，如图6-4所示。按 Backspace 键或 Delete 键可删除此段文字，或者输入文字对其进行替换。

图 6-3　出现光标　　　　　　　　　　　　　　　　图 6-4　选定文字

6.1.4　文本查找

菜单命令：执行"编辑"→"查找并替换"菜单命令，弹出"查找并替换"泊坞窗，在下拉列表中选择"查找和替换文本"选项，并选择"查找"单选按钮，如图 6-5 所示。在"查找"下方的文本框中输入要查找的文本内容，根据需要确定是否选择"区分大小写"和"仅查找整个单词"复选框，单击"查找下一个"按钮。如果查找的内容存在，文本中该部分将被反选；如果查找的内容不存在，将弹出"未找到文本"对话框（见图 6-6），单击"OK"按钮，退出对话框。

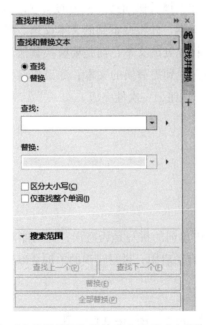

图 6-5　在"查找并替换"泊坞窗中选择"查找"单选按钮　　　　图 6-6　"未找到文本"对话框

6.1.5　文本替换

菜单命令：执行"编辑"→"查找并替换"菜单命令，弹出"查找并替换"泊坞窗，选择"替换"单选按钮，如图 6-7 所示。

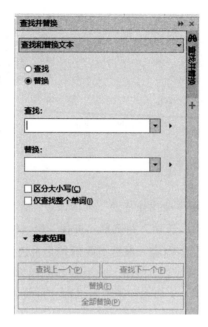

图 6-7 在"查找并替换"泊坞窗中选择"替换"单选按钮

在"查找"和"替换"下方的文本框内分别输入被替换和要替换为的文本，单击"查找下一个"按钮，将从光标所在处开始搜索被替换的文本，并将搜索到的文本反选。如果需要替换此处的文本，可单击"替换"按钮；如果不想替换此处的文本，而是要替换其他位置相同的文本，可单击"查找下一个"按钮，继续搜索，直到找到需替换的文本；如果想将文档里的所有相同文本替换为相同的内容，可单击"全部替换"按钮，一次性完成。

6.2　书写工具

6.2.1　拼写检查

"拼写检查"用于检查整个文本或指定段落中单词的拼写是否有误，此功能对英文的检查效果较为理想。在默认状态下，"拼写检查"功能自动启用，拼写错误的单词会以红色的下划线标示，如图 6-8 所示。

One day,one stea,when I would be a tree?

图 6-8　拼写错误单词标示

> ➤ **特别提示**
> 本节中介绍的大多数命令与安装应用程序时选择的语言有关，如果选择默认安装，则这些命令仅对英文有效。其他语言可以通过自定义安装完成。

菜单命令：执行"文本"→"书写工具"→"拼写检查"菜单命令，弹出如图 6-9 所示的"书写工具"对话框，其中默认打开的是"拼写检查器"选项卡。光标所在位置后第一处有拼写错误的单词被反选。"拼写检查器"选项卡的"替换"列表框中显示出一系列与被选词相近的正确单词，从中选定所需单词并单击"替换"按钮可完成修改。

单击"跳过一次"按钮，不对当前单词做修改，可继续检查下一处拼写错误。单击"全部跳过"按钮，可对所选文本中的全部错误均做忽略处理。当全部文本都被检查并处理后，将弹出如图 6-10 所示的"拼写检查器"对话框，单击"是"按钮可关闭该对话框。

单击"添加"按钮，当前单词被加入系统词库中，在下次纠错时如果出现类似的单词将优先显示出来。例如，在进行"拼写检查"时，"stea"被标示，并弹出如图 6-9 所示的对话框，在其中单击"添加"按钮，将"stea"改为"steea"，则再次进行"拼写检查"时，"steea"被反选，并在"替换"列表框中显示刚才加入词库的"stea"。

图 6-9 "书写工具"对话框　　　　　图 6-10 "拼写检查器"对话框

当不需要进行逐一检查而直接替换时，可单击"自动替换"按钮，将文本中有拼写错误的单词全部替换为系统选择的最接近词。当需要撤销已经执行的操作时，可单击"撤销"按钮，取消最近一次操作。单击"选项"按钮，弹出如图 6-11 所示的"选项"下拉列表。该下拉列表用于设置检查时的规则，请读者自行试用。在"检查"下拉列表中可以选择检查的范围，包括"段落""句""同义词""选定的文本""字"等选项。

菜单命令：执行"文本"→"书写工具"→"设置"菜单命令，弹出"选项"对话框，其中默认打开的是"拼写"选项卡，如图 6-12 所示。最上方的复选框用于选择是否执行自动拼写检查。"显示其中的错误"下方的"所有文本框"或"仅选定文本框"单选按钮用于选择显示错误的范围。"拼写建议"文本框中的数值可用于设置显示拼写建议的数量。勾选"将更正添加到快速更正"复选框，则选择对"快速更正"设置的影响（"快速更正"的用法将在后面介绍）。勾选"显示被忽略的错误"复选框，则选择被忽略的错误的显示方式。

快捷键：{Ctrl+F12}。

6.2.2 语法检查

菜单命令：执行"文本"→"书写工具"→"语法"菜单命令，弹出"书写工具"对话框，其中默认打开的是"语法"选项卡，如图 6-13 所示。光标所在位置后第一处有语法错误的单词被反选。"语法"选项卡的"替换"列表框中显示出一系列修改该错误的方法，并在"新句子"列表框中显示出选择当前替换方案后的句子。

图 6-11 "拼写检查器"选项
卡中的"选项"下拉列表

图 6-12 "选项"对话框中的"拼写"选项卡

图 6-13 "书写工具"对话框中的"语法"选项卡

"语法"选项卡中的部分选项的功能与"拼写检查器"选项卡的类似，这里不再详细介绍。单击"选项"按钮，会弹出如图 6-14 所示的下拉列表。

图 6-14 "语法"选项卡中的"选项"下拉列表

6.2.3　同义词

　　菜单命令：执行"文本"→"书写工具"→"同义词"菜单命令，弹出如图 6-15 所示的"书写工具"对话框中的"同义词"选项卡。光标所在位置后第一个单词或所选单词显示在对话框中，按其词性、词义的不同，以树形显示该词的词意及此意义下的同义词。

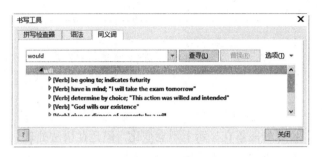

图 6-15　"书写工具"对话框中的"同义词"选项卡

　　当某一释义前为"▷"时，可单击"▷"展开该释义下的内容，此时"▷"变为"◢"。而单击释义前的"◢"时，则释义下的内容被隐藏，同时"◢"变为"▷"。

6.2.4　快速更正

　　菜单命令：执行"文本"→"书写工具"→"快速更正"菜单命令，弹出"选项"对话框，其中默认打开的是"快速更正"选项卡，如图 6-16 所示。勾选"句首字母大写""改写两个缩写，连续大写""大写日期名称""键入网址时自动创建超链接""录入时替换文本"等复选

图 6-16　"选项"对话框中的"快速更正"选项卡

框可进行不同的设置。在"被替换文本"选项组中可设置文本替换的内容。在"替换"及"以"文本框中分别输入被替换的内容和要替换为的内容，单击"添加"按钮，此替换方法将出现在"被替换文本"选项组的列表框中。选择列表框中的任意一行，该行被反选的同时，"删除"按钮被激活，单击该按钮可以删除被反选的行。设置完毕后，单击"OK"（确定）按钮可完成操作。

> ▶ **特别提示**
> "快速更正"命令可作用于全部文本，所以在执行该命令前应仔细确认要更正的内容。

6.2.5 文本语言

使用"文本语言"设置的段落在显示上不会变化，但是在语法处理、拼写处理上会发生变化。例如，当计算机的默认语言为美式英语，并且安装了英式英语模块时，若使用书写工具检查语法或拼写，则美式英语和英式英语的约束都会被认为是有效的，而此时如果录入的段落文本为英式英语，在某些细节的处理上会不够理想。为了避免这种情况，就需要将文本语言设置为"英式英语"，这样可以防止英文单词被标记为错误的单词。

菜单命令：选定要标记的文本，执行"文本"→"书写工具"→"语言"菜单命令，弹出如图 6-17 所示的"文本语言"对话框。选择需要的语言，单击"OK"按钮。

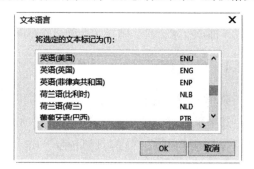

图 6-17 "文本语言"对话框

6.3 辅助工具

6.3.1 更改大小写

菜单命令：选定要处理的段落，执行"文本"→"更改大小写"菜单命令，弹出如图 6-18 所示的"更改大小写"对话框。在"句首字母大写""小写""大写""首字母大写""大小写转换"单选按钮中选择一项，单击"OK"按钮。其中，"首字母大写"是将所选文本中所有单词的开头字母转换为大写，"大小写转换"是将所选文本中所有的字母大小写反转。

快捷键：{Ctrl+F3}。

6.3.2 文本统计信息

使用文本统计信息功能，可对指定文本的行数、字数、字符数、使用的字体和样式名称等文本元素进行统计。

菜单命令：选定要统计信息的文本，执行"文本"→"文本统计信息"菜单命令，弹出如图 6-19 所示的"统计"对话框，其中显示出文本的各项信息。

图 6-18 "更改大小写"对话框   图 6-19 "统计"对话框

> ➤ **特别提示**
> 未指定文本时，使用"文本信息统计"功能统计的是当前文档中所有文本的信息。

6.3.3 显示非打印字符

有一些字符，如空格、制表位、格式代码等，在打印时是不会以实际字符的形式显示的，在默认状态下也不会显示。如果想在编辑文本时查看这些字符，可以使用"显示非打印字符"命令将其显示出来。此时空格将显示为小黑点，不间断空格显示为圆圈，而空格显示为线条。

菜单命令：选定要统计信息的文档，执行"文本"→"显示非打印字符"菜单命令。

> ➤ **特别提示**
> 非打印字符即使显示出来也不会被打印。

6.4 字符格式

在对文本进行设置时，需要先选定字符。选定字符有多种方法，包括使用选择工具、文字工具和形状工具等。采用不同的选定方法，在设置字符时可能会有不同的效果。

使用选择工具选定文本时，只要单击"选择工具"按钮，再单击要设置的文本即可，该操作可用于一次性建立的文本全部。使用文字工具选定文本时，可选择一次性建立的文本的一个部分，也可以选择全部，先单击"文字工具"按钮，再单击要设置的文本，然后将光标移动到要设置的部分前按住鼠标左键并拖动至设置部分的结尾，释放鼠标左键完成。在使用形状工具时，先单击"形状工具"图标，再单击要设置的文本，此时文本的每个字符的左下方会出现一个□，如图 6-20 所示。单击□可变成■，表示该字符处于被选定状态。如果需要选定多个字符，则选定一个字符后按住 Shift 键再选定其他的字符即可。

$$CorelDRAW$$

图 6-20　每个字符的左下方出现一个□

6.4.1　字体

　　与 Word 等文字处理软件一样，CorelDRAW 2024 中使用的字体来源于系统字体库，因此使用 CorelDRAW 2024 虽然能将指定的文本任意设置成系统中已有的字体，但因为受系统字体库的限制，不够丰富，这就需要对系统的字体库进行扩充。下面介绍在系统字体库中添加字体的方法。

　　执行"开始"→"设置"命令（见图 6-21），打开设置面板，选择"个性化"选项，打开如图 6-22 所示的"个性化"设置窗口，然后单击"字体"按钮，打开如图 6-23 所示的"字体"设置窗口，将要添加的字体文件直接拖放到该窗口中即可。也可以直接打开"C 盘（系统盘）/Windows/Fonts"窗口，（见图 6-24），将要添加的字体直接复制到"字体"设置窗口中。

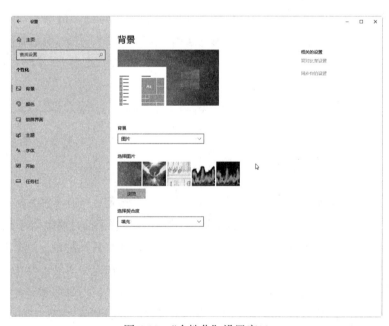

图 6-21　执行"开始"→　　　　　　　　图 6-22　"个性化"设置窗口
　　　　　"设置"命令

152

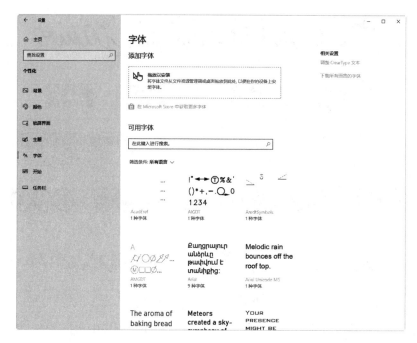

图 6-23 "字体"设置窗口

图 6-24 "Fonts"窗口

字体在网上很容易下载。恰当地应用一些特殊设计的字体在文本处理中会起到画龙点睛的作用。图 6-25 所示为一些字体的样例。

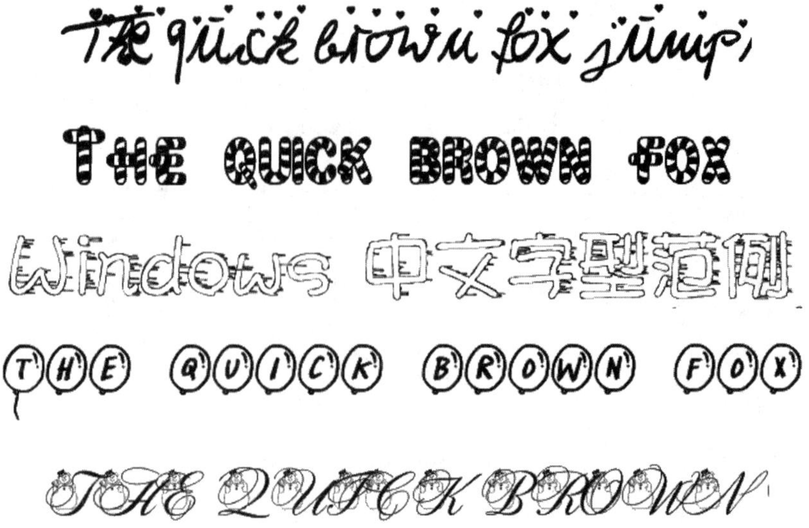

THE QUICK BROWN FOX JUMPS

THE QUICK BROWN FOX

Windows 中文字型范例

THE QUICK BROWN FOX

THE QUICK BROWN

图 6-25　一些字体的样例

属性栏：选定要修改字体的段落，在属性栏"字体"下拉列表中选择字体。图 6-26 所示为使用属性栏设置字体的实例。

泊坞窗：执行"窗口"→"泊坞窗"→"文本"菜单命令，打开如图 6-27 所示的"文本"泊坞窗，在其中的"字体"下拉列表中选择字体。该泊坞窗还可用于设置字号、字距、字符效果、字符位移和语言脚本。

a）选择字体　　　b）设置"方正舒体"字体的效果

图 6-26　使用属性栏设置字体的实例

图 6-27　"文本"泊坞窗

单击属性栏中的 A图标，或按快捷键 {Ctrl+T}，可打开"文本"泊坞窗。

6.4.2 字号

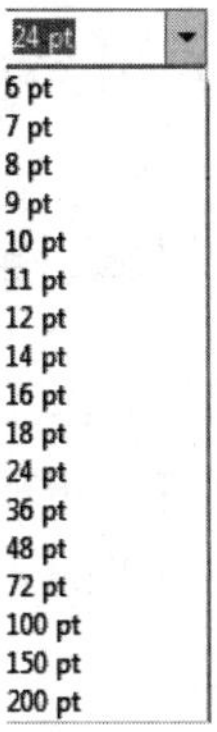

属性栏：选定要修改字号的段落，在如图 6-28 所示的属性栏字号下拉列表中选择字号。

菜单命令：当需要更改字号的文本是段落文本的全部时，选定其所在的文本框，调整文本框的大小，执行"文本"→"段落文本框"→"使文本适合框架"菜单命令，文本的字号会自动调整到恰好充满文本框的状态。

6.4.3 字距

泊坞窗：执行"窗口"→"泊坞窗"→"文本"菜单命令，打开"文本"泊坞窗，在 "字符间距"文本框 $\boxed{\text{ab} \ 20.0\%}$ 中可设置字距。该值可正可负，数值越大则字符间距越大。

图 6-28　属性栏字号
下拉列表

6.4.4 字符倾斜、偏移

字符的"倾斜"和"偏移"命令可用于对文本中的一个或几个字符进行修饰。图 6-29 所示为使用"倾斜"和"偏移"命令对单词"Jump"进行修饰。

a) 原对象　　　　　　　b) −30° 倾斜字母"J"　　　　c) 放大字母"J"并移动（−11，6）

图 6-29　使用"字符倾斜、偏移"命令对单词进行修饰

属性栏：用"形状工具"选定要设置的字符，属性栏中的"字符倾斜、偏移"编辑栏被激活，如图 6-30 所示。在 $\boxed{ab}$ 后的文本框里可设置字符倾斜角度，在 $\boxed{\text{×}}$ 后的文本框里可设置字符水平偏移量，在 $\boxed{\text{Y}}$ 后的文本框里可设置字符垂直偏移量。

泊坞窗：执行"窗口"→"泊坞窗"→"文本"菜单命令，打开"文本"泊坞窗，其中"字符倾斜、偏移"编辑栏如图 6-31 所示。在文本框内可分别设置字符水平和垂直偏移量，以及倾斜角度。

图 6-30　属性栏中的"字符倾斜、偏移"
编辑栏

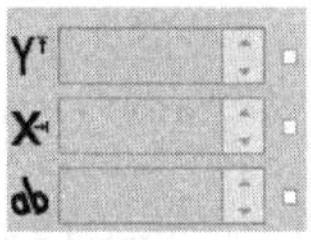

图 6-31　"文本"泊坞窗中的"字符倾斜、偏移"编辑栏

6.5 字符效果

6.5.1 粗体、斜体

属性栏：选定要设置的文本，单击属性栏里的 **B** 图标可将选定的文本在粗体与普通粗细间切换，单击属性栏里的 *I* 图标可将选定的文本在斜体与正体间切换。

泊坞窗：执行"窗口"→"泊坞窗"→"文本"菜单命令，打开"文本"泊坞窗。选定要设置的文本，如图 6-32 所示在第二个下拉列表中选择"常规""常规斜体""粗体""粗体 - 斜体"中的一项，可设置字体样式。

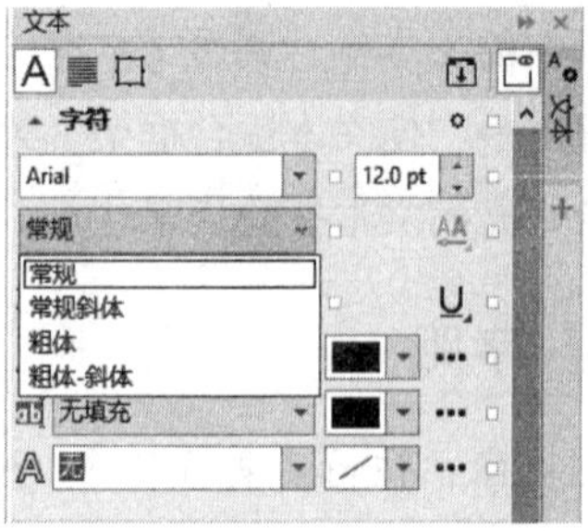

图 6-32　使用"文本"泊坞窗设置字体样式

快捷键：{Ctrl+B}（粗体），{Ctrl+I}（斜体）。

6.5.2 上划线、下划线、删除线

属性栏：选定要设置的文本，单击属性栏里的 **U** 图标，可将选定的文本以下划线标志。

泊坞窗：执行"窗口"→"泊坞窗"→"文本"菜单命令，打开"文本"泊坞窗，单击 **U** 图标，打开"字符下划线"下拉列表，如图 6-33 所示。"字符删除线"和"字符上划线"下拉列表如图 6-34 所示，在下拉列表中可以选择删除线和上划线的样式。

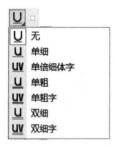

图 6-33　"字符下划线"下拉列表

图 6-34　"字符删除线"和"字符上划线"下拉列表

快捷键：{Ctrl+U}（下划线）。

6.5.3 字符大小写

这里所说的"字符大小写"不同于 6.3.1 小节中的字母大小写，是指大写字母在尺寸上的大小。不管使用"大写"还是"小写"，字母都将成为大写字母。

属性栏：用"形状工具"选定要设置的字符，单击属性栏里的 Aʙ 图标可将字符设置为小型大写字母，单击属性栏里的 AB 图标可将字符设置为标题大写字母，即常规型大写字母。

泊坞窗：执行"窗口"→"泊坞窗"→"文本"菜单命令，打开"文本"泊坞窗，单击 **ab,** 图标，打开如图 6-35 所示的"字符大小写"下拉列表，在其中可设置字符大小写。

6.5.4 字符上标和下标

属性栏：用"形状工具"选定要设置的文本，单击属性栏里的 X^2 图标可将字符设置为上标，单击属性栏里的 X_2 图标可将字符设置为下标。

泊坞窗：执行"窗口"→"泊坞窗"→"文本"菜单命令，打开"文本"泊坞窗。单击"位置"图标 X^2，在弹出的如图 6-36 所示的下拉列表中可更改选定字符相对于周围字符的位置。

图 6-35 "字符大小写"下拉列表

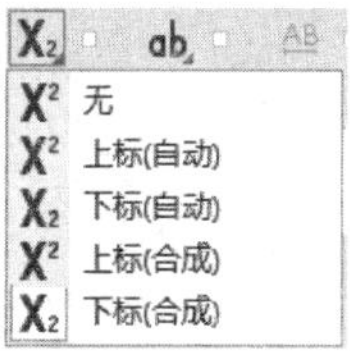

图 6-36 "字符上下标位置"下拉列表

6.6 文本格式

6.6.1 文本对齐

CorelDRAW 2024 中提供的对齐方式包括左对齐、居中对齐、右对齐、全部对齐、强制调整 5 种。对于段落文本，前三种对齐方式都是主要针对段的首末行而言（其他行一般是全部充满的状态）。图 6-37 所示为各种对齐方式的效果。

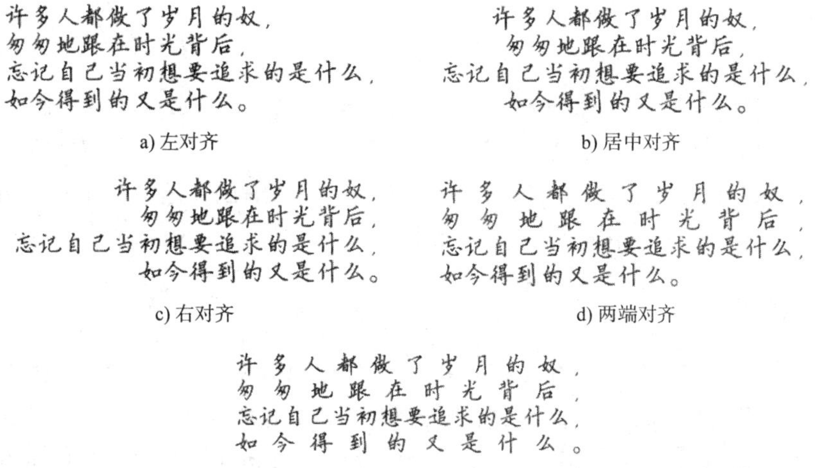

许多人都做了岁月的奴，
匆匆地跟在时光背后，
忘记自己当初想要追求的是什么，
如今得到的又是什么。

a) 左对齐

许多人都做了岁月的奴，
匆匆地跟在时光背后，
忘记自己当初想要追求的是什么，
如今得到的又是什么。

b) 居中对齐

许多人都做了岁月的奴，
匆匆地跟在时光背后，
忘记自己当初想要追求的是什么，
如今得到的又是什么。

c) 右对齐

许多人都做了岁月的奴，
匆匆地跟在时光背后，
忘记自己当初想要追求的是什么，
如今得到的又是什么。

d) 两端对齐

许多人都做了岁月的奴，
匆匆地跟在时光背后，
忘记自己当初想要追求的是什么，
如今得到的又是什么。

e) 强制两端对齐

图 6-37 各种对齐方式的效果

属性栏：用"选择工具"或"文本工具"选定要设置的文本，单击属性栏里的  图标，弹出如图 6-38 所示的"文本对齐"列表，在列表中可选择一种对齐方式。其中，表示无对齐，即无强制性的对齐要求；依次表示左对齐、居中对齐、右对齐、两端对齐、强制两端对齐。

在 CorelDRAW 2024 中，将字符格式化和段落格式化整合在了同一个"文本"泊坞窗中。

泊坞窗（文本）：用"选择工具"或"文本工具"选定要设置的文本，打开"文本"泊坞窗。单击"段落"折叠按钮 ▼，展开如图 6-39 所示的段落格式化面板，在如图 6-40 所示的对齐栏中选择对齐方式。

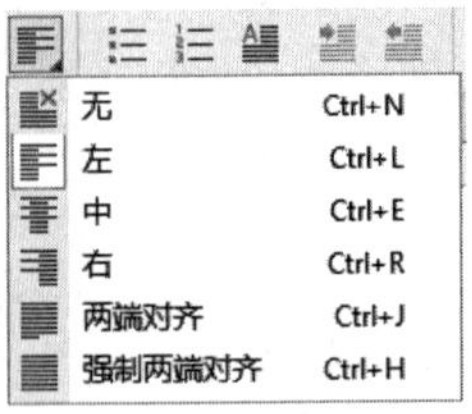

图 6-38　属性栏中的 "文本对齐"列表

图 6-39　"文本"泊坞窗中的段落格式化面板

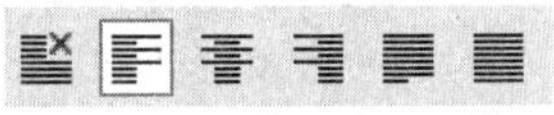

图 6-40　"文本"泊坞窗中的对齐栏

快捷键：{Ctrl+N}（无对齐），{Ctrl+L}（左对齐），{Ctrl+E}（居中对齐），{Ctrl+R}（右对齐），{Ctrl+J}（全部对齐），{Ctrl+H}（强制调整）。

6.6.2　文本间距

泊坞窗：执行"窗口"→"泊坞窗"→"文本"菜单命令，打开"文本"泊坞窗。选定要设置的文本，打开如图 6-41 所示的"间距"编辑栏，可先在第一个下拉列表中选择文本间距单位（包括 % 字符高度、% 点大小或点大小），然后在各文本框中设置段落前后间距、行间距和字间距。

6.6.3　文本缩进

泊坞窗：执行"窗口"→"泊坞窗"→"文本"菜单命令，打开"文本"泊坞窗。其"段落"格式化面板中的"缩进量"编辑栏如图 6-42 所示。在"首行缩进" 的文本框中可设置首行缩进量，在"左行缩进" 和"右行缩进" 的文本框中可设置全部所选内容的左、右侧缩进量。

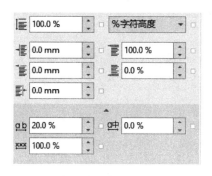

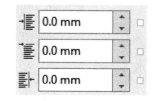

图 6-41　"文本"泊坞窗中的"间距"编辑栏　　图 6-42　"段落"格式化面板中的"缩进量"编辑栏

6.6.4　文本方向

文本方向是指文本中文字的排列方向。CorelDRAW 里的竖排文本采用汉语传统的排版方法，即文本竖向排列，从右向左换行，并使用竖排文本的标准标点。图 6-43 所示为横、竖排文本。

无论你如何隐藏，
想要挽留青春的纯真，
岁月还是会无情地在你脸上
留下年轮的印记与风霜。

留岁想无
下月要论
年还挽你
轮是留如
的会青何
印无春隐
记情的藏
与地纯，
风在真
霜你。
。脸
上

a) 横排文本　　　　b) 竖排文本

图 6-43　横、竖排文本

属性栏：用"选择工具"或"文本工具"选定要设置的文本，单击属性栏里的 或 图标，可将文本的排列方向设置为水平方向或垂直方向。

泊坞窗：执行"窗口"→"泊坞窗"→"文本"菜单命令，打开"文本"泊坞窗，单击"图文框"折叠按钮 ，展开"图文框"格式化面板，在如图 6-44 所示的"文本方向"选项组中单击"将文本更改为水平方向"图标 或"将文本更改为垂直方向"图标 ，可更改文本的排列方向。

快捷键：{Ctrl+,}（水平方向），{Ctrl+.}（垂直方向）。

图 6-44 "图文框"格式面板中的 "文本方向"选项组

6.7 文本效果

6.7.1 文本分栏

菜单命令：选定要编辑的文本，执行"文本"→"栏"菜单命令，弹出如图 6-45 所示的"栏设置"对话框。在"栏数"文本框内可输入分栏数。若选中"栏宽相等"复选框，系统将根据文本框的宽度及分栏数计算各栏宽度和栏间宽度，并显示在列表中。

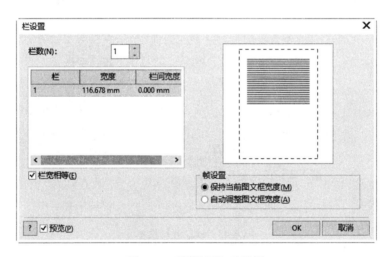

图 6-45 "栏设置"对话框

当需要调整栏宽与栏间宽的关系时，可单击"宽度"或"栏间宽度"下方的数值，然后输入适当的数值。如果在"帧设置"选项组中选择"保持当前图文框宽度"，则调整"宽度"或"栏间宽度"值中的一个后，另一个也会随之变化；如果选择"自动调整图文框宽度"，则调整"宽度"或"栏间宽度"值中的一个后，另一个不会发生变化。

如果需要创建不等宽的分栏，取消选择"栏宽相等"复选框，在编辑框内设置各栏宽即可。

160

6.7.2 制表位

菜单命令:用"选择工具"或"文本工具"选定要编辑的文本,执行"文本"→"制表位"菜单命令,弹出如图6-46所示的"制表位设置"对话框,同时标尺上也会出现制表位的标志,如图6-47所示。"制表位设置"对话框与"栏设置"对话框的使用方法相似,具体方法请读者自行摸索。

图6-46 "制表位设置"对话框

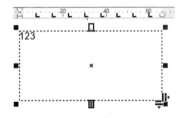

图6-47 标尺上出现制表位标志

6.7.3 项目符号和编号

项目符号和编号是放在文本前的点或其他符号,起到强调作用。合理使用项目符号和编号,可以使文档的层次结构更清晰、更有条理。

菜单命令:用"选择工具"或"文本工具"选定要编辑的文本,执行"文本"→"项目符号和编号"菜单命令,弹出如图6-48所示的"项目符号和编号"对话框。勾选"列表"复选框,所有选项被激活。在"类型1"下方可以选择"项目符号"或"数字",在"字形"下拉列表中可以选择符号或者编号的类型，在右侧"大小和间距"下方可以设置符号或者编号的大小和基线位移。

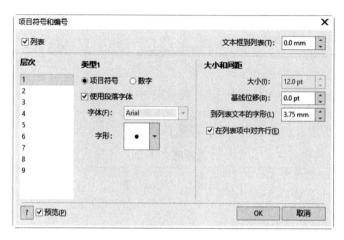

图 6-48 "项目符号和编号"对话框

属性栏：用"选择工具"或"文本工具"选定文本，单击属性栏里的 ☰ 图标可切换是否显示项目符号，单击属性栏里的 ☷ 图标可切换是否显示项目编号。

6.7.4 首字下沉

首字下沉常应用于一篇文章的开头或者段落的开始部分，可以使文章更加引人注目。使用"首字下沉"命令时，位于段首第一个字的字号将变大，在文中占据几行的位置，左侧和上侧与原文本对齐，呈现"下沉"的效果，如图 6-49 所示。

菜单命令：用"选择工具"或"文本工具"选定要编辑的文本，执行"文本"→"首字下沉"菜单命令，弹出如图 6-50 所示的"首字下沉"对话框。勾选"使用首字下沉"复选框，"外观"选项组被激活，在其中的文本框里可设置"下沉行数"及"首字下沉后的空格"。

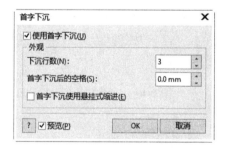

图 6-49 使用"首字下沉"命令的效果　　　　　图 6-50 "首字下沉"对话框

通过是否勾选"首字下沉使用悬挂式缩进"复选框，可以切换首字下沉的方式是"悬挂式"还是"非悬挂式"缩进。

属性栏：用"选择工具"或"文本工具"选定要设置的文本，单击属性栏里的 ☰ 图标可选择是否应用"首字下沉"的效果。

162

6.8 排版规则

6.8.1 断行规则

"断行规则"用于设置在断行时对一些字符的处理方式。CorelDRAW 2024 中的默认设置与标准排版规则相同。

菜单命令：用"选择工具"或"文本工具"选定要编辑的文本，执行"文本"→"断行规则"菜单命令，弹出如图 6-51 所示的"亚洲断行规则"对话框，在其中可设置断行的规则。设置完毕后，选择"预览"复选框可查看效果，单击"OK"按钮可执行该命令。

图 6-51　"亚洲断行规则"对话框

6.8.2 断字规则

断字规则是指对用字母拼成的单词在换行时的处理规则。

泊坞窗：执行"窗口"→"泊坞窗"→"文本"菜单命令，弹出"文本"泊坞窗。单击"段落"右侧的 ⚙ 图标，弹出如图 6-52 所示的下拉列表。选择"断字设置"，弹出如图 6-53 所示的"断字"对话框。勾选"自动连接段落文本"复选框，其他所有选项被激活。可选择是否使用"大写单词分隔符"和"使用全部大写分隔单词"，在"断字标准"选项组里可设置断开单词的最小字长，前、后最少字符和到右页边距的距离。

图 6-52　"段落设置"下拉列表

图 6-53　"断字"对话框

菜单命令：用"选择工具"或"文字工具"选择段落文本，执行"文本"→"使用断字"菜单命令，打开断字功能。

6.9 文本特效

6.9.1 使文本适合路径

使用"使文本适合路径"命令可对文本位置进行特殊处理。

> 📌 **特别提示**
>
> 当用于匹配的路径为闭合对象时，文本可以从路径上的任意一点开始环绕，并且可以处在路径对象的内部或外部。
>
> 当用于匹配的路径为开放对象时，文本可以从对象上或对象外的任意一点开始，沿曲线对象的路径排列，至对象结束位置结束。但是文本的排列方向只能与路径对象绘制时的方向相同。

菜单命令：先选择要添加文本的图像对象（此步骤非必须，但一般使用"使文本适合路径"命令往往是因为要与图像匹配），如图 6-54 所示。在任意位置创建文本，如图 6-55 所示。使用绘图工具绘制曲线（见图 6-56）或图形，作为路径。

图 6-54 选择图像对象　　　　图 6-55 创建文本　　　　图 6-56 绘制曲线

用"选择工具"或"文本工具"选定要设置路径的文本，执行"文本"→"使文本适合路径"菜单命令，单击作为路径的曲线对象，文本以蓝色虚线显示，如图 6-57 所示。移动鼠标，文本随鼠标位置的变化而变化，调整文本的大小如图 6-58 所示。在文本移动到适当位置时单击，完成作品的创建，结果如图 6-59 所示。

图 6-57 文本以蓝色虚线显示　　　图 6-58 调整文本大小　　　图 6-59 创建完成的作品

6.9.2 对齐基线

如果希望将某些字符移动位置或沿路径分布的字符或字符串还原位置，可使用"对齐基线"或"矫正文本"操作。

菜单命令：用"选择工具"选定文本，执行"文本"→"对齐基线"菜单命令。

快捷键：{Alt+F12}。

6.9.3 矫正文本

菜单命令：用"选择工具"选定文本，执行"文本"→"矫正文本"菜单命令。

6.10 字形和格式化代码

6.10.1 插入字形

泊坞窗：执行"窗口"→"泊坞窗"→"字形"菜单命令，打开"字形"泊坞窗，如图6-60所示。在"字体"下拉列表中选择字体，在"字形过滤器"下拉列表中选择字形类型，在字形列表框中选择要插入的字形。双击需要的字形，即可将该字形插入到指定的位置。

快捷键：{Ctrl+F11}（打开"字形"泊坞窗）。

图6-60 "字形"泊坞窗

6.10.2 插入格式化代码

格式化代码是用于表示格式的符号，如空格的代码。

菜单命令：执行"文本"→"插入格式化代码"菜单命令，弹出如图6-61所示的菜单。在菜单中单击某个命令，即可插入相应的格式化代码。

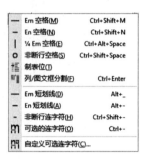

图6-61 "插入格式化代码"菜单

6.11 实例——酒广告

1）新建文件，导入电子资料包"源文件 / 素材 / 第 6 章"文件夹中的文件"酒 .jpg"，如图 6-62 所示。

a) 选择"导入"命令

b) 选择要导入的文件

c) 导入效果

图 6-62 导入文件"酒 .jpg"

2）将导入图像的尺寸调整至与页面大小一致，并在页面上居中对齐，如图 6-63 所示。

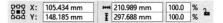

a) 修改参数（调整图像大小）　　　　　　　　b) 选择命令（对页面居中）

c）调整效果

图 6-63　调整对象大小并居中对齐

3）将文件另存在"设计作品"文件夹中，命名为"KEVINI.cdr"。

4）使用文字工具，创建美术字文本"KEVINI"，如图 6-64 所示。

a) 选择文字工具　　　　　　　　b) 操作效果

图 6-64　创建美术字文本"KEVINI"

5）设置文本属性，将文本"KEVINI"设置为字体 Arial、字号 36pt、颜色（C=68，M=97，Y=98，K=66），如图 6-65 所示。

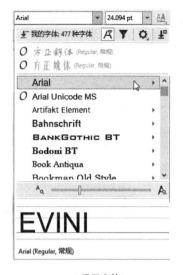

a) 设置字体   b) 设置字号

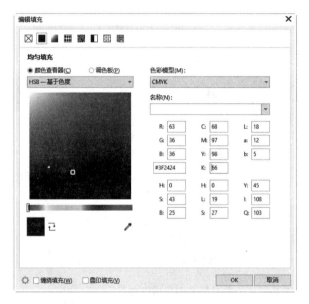

c) 设置颜色   d) 操作效果

图 6-65　设置文本属性

6）使用文字工具，创建段落文本"the best for you"，如图 6-66 所示。

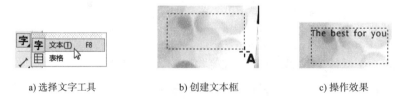

a) 选择文字工具   b) 创建文本框   c) 操作效果

图 6-66　创建段落文本"the best for you"

7）将文本"the best for you"设置字体为"方正行楷简体"、字号为"24pt"、颜色为 CMYK（41，100，99，8）。更改文本属性后的结果如图 6-67 所示。

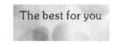

图 6-67　更改文本属性后的结果

8）将文本"the best for you"移动到"KEVINI"的下方，并调整位置，结果如图 6-68 所示。

9）使用文字工具，创建段落文本"浓浓醇情，依依我心"，字号为 24pt，如图 6-69 所示。

图 6-68　调整文本位置

图 6-69　创建段落文本"浓浓醇情，依依我心"

10）使用椭圆形工具，绘制 1 个尺寸与图像下方的光影大小接近的椭圆形，如图 6-70 所示。

a) 选择椭圆形工具

b) 操作效果

图 6-70　绘制椭圆形

11）将段落文本"浓浓醇情，依依我心"转换为美术字文本，然后选择"使文本适合路径"命令，以椭圆形对象为路径，使美术字文本"浓浓醇情，依依我心"适合路径，如图 6-71 所示。

a) 选择命令

b) 以椭圆形对象为路径

c) 操作效果

图 6-71　使美术字文本适合路径

12）使用"镜像文本"工具，水平镜像段落文本"浓浓醇情，依依我心"，如图6-72所示。

a）选择"镜像文本"工具　　　　　b）操作效果

图6-72　水平镜像段落文本

13）使用"镜像文本"工具，垂直镜像段落文本"浓浓醇情，依依我心"，如图6-73所示。

a）选择"镜像文本"工具　　　　　b）操作效果

图6-73　垂直镜像段落文本

14）将段落文本"浓浓醇情，依依我心"设置为字体"方正魏碑简体"、字号"24pt"、填充色（C=0，M=65，Y=40，K=0），更改文本属性后的结果如图6-74所示。

图6-74　更改文本属性后的结果

15）使用形状工具选中并删除椭圆形对象，如图6-75所示。

图6-75　删除椭圆形对象

16）单击"显示文本框"命令如图6-76所示，关闭文本框的显示。

17）制作完成的作品"KEVINI"如图6-77所示。

18）保存文件。

图 6-76　单击"显示文本框"命令　　　　图 6-77　制作完成的作品"KEVINI"

6.12　思考与练习

一、选择题

1. 不能用于选定的文本的工具是（　　　）。

　　A. 文字工具　　　　　B. 选择工具　　　　　C. 形状工具　　　　　D. 手绘工具

2. 无论是创建美术字文本还是段落文本，在创建完毕后使用选择工具选择文本，在文本的周围都会出现矩形文本框，在改变文本框的大小时，（　　　）中的文字大小会随之发生改变。

　　A. 美术字文本　　　　B. 段落文本　　　　C. 美术字文本和段落文本　　　D. 均不

3. 在对（　　　）进行设置时，用户不可以自行编辑样式。

　　A. 上划线、下划线　　B. 删除线　　　　　C. 上标、下标　　　　D. 格式化代码

4. 设置文本间距时，不能作为参考量的是（　　　）。

　　A. 字符高度　　　　　B. 字符高度的百分比

　　C. 点大小　　　　　　D. 点大小的百分比

5. 进行"首字下沉"操作时，可以使用的缩进方式包括（　　　）。

　　A. 悬挂式缩进　　　　B. 非悬挂式缩进和悬挂式缩进

　　C. 非悬挂式缩进　　　D. 不能使用缩进

6. 使用"使文本适合路径"功能时，不能作为路径的对象是（　　　）。

　　A. 圆形　　　　　　　B. 直线　　　　　　C. 多边形　　　　　　D. 位图

二、上机操作题

1. 完成一幅古诗配画作品。

可以先选择图像及古诗，注意诗和画意境的一致性，诗不宜过长，画的颜色不宜太复杂或变化太大，以防文字难以选择颜色。可以参考6.11节中的步骤完成作品，文字建议竖排，字体可采用较为随意的行书或草书。

2.制作一套儿童台历模板。

提示：台历模板上要包括文本、图形对象，还要留有较大面积、形状较为规整的空间，以便加入个性化的照片等。注意各对象之间的层次关系。在创建表示时间的文本时，要注意文本之间的行、字间距。图6-78 ～ 图6-80所示为已创建的台历模板的效果。使用文本工具，结合前面章节学习过的操作方法，还可以制作宣传画、各种照片背景等。

图6-78　童年录影

图6-79　月光遐想

图6-80　心语心愿

172

第 *7* 章　对象组织

人文素养

2021 年，一个年轻设计师团队设计的作品获得了 5 个国际设计大奖，其中 3 个作品获得了新一届的德国红点奖，另外两个作品获得了德国 IF 奖。对每一个项目，该团队都会因为各种各样的小细节反复展开辩论，有时甚至引发争论。团队的磨合，使他们建立起了高度的默契。

随着生活水平和生活品位的提高，人们对产品的要求也越来越高，要想使设计的产品满足不同消费群体和不同消费心理的消费者，仅靠个人的能力是很难做到的，这通常需要通过团队合作及不同设计者的体验和理解，从不同的角度分析，入手设计，才能够设计出好的产品。"一花独放不是春，百花齐放春满园"，团队合作在完成设计的过程中起着重要的作用。

本章导读

学习有关对象组织的基本方法，包括对象排列、群组与解群、合并与拆分、锁定与解锁、对象造型以及对象转换等。深入理解这些操作的作用，并熟练掌握它们的使用方法，可为设计工作中的对象组织编排打好基础。

学习目标

1. 对象对齐、分布、层次变换以及群组。
2. 对象合并与拆分、对象造型的方法以及不同操作的区别。
3. 对象锁定与解锁的操作方法及用途。
4. 对象转换为曲线、将轮廓转换为对象及连接曲线。

7.1　对象排列

7.1.1　对象对齐

菜单命令：选定要对齐的对象，执行"对象"→"对齐与分布"菜单命令，在弹出的菜单（见图 7-1）中选择对齐方式，单击即可。

图 7-1　"对齐和分布"菜单

　　"左对齐""右对齐"分别是将所有选定的对象（见图 7-2）的最左端、最右端纵向对齐，如图 7-3 和图 7-4 所示；"顶部对齐""底部对齐"分别是将所有选定的对象顶部、底部横向对齐，如图 7-5 和图 7-6 所示；"水平居中对齐""垂直居中对齐"分别是将选定的对象的几何中心横向、纵向对齐，如图 7-7 和图 7-8 所示。

图 7-2　选定的对象

图 7-3　左对齐

图 7-4　右对齐

图 7-5　顶部对齐

图 7-6　底部对齐

图 7-7　水平居中对齐

图 7-8　垂直居中对齐

> ➤ **操作技巧**
>
> 　　对于逐个选定的对象，对齐时以第一个选定的对象为基准。对于一次性选定的对象（如选定划定区域内的所有对象），对齐时以最底层对象为基准。

　　泊坞窗：选定要对齐的对象，执行"窗口"→"泊坞窗"→"对齐与分布"菜单命令，弹出如图 7-9 所示的"对齐与分布"泊坞窗。在"对齐"选项组中可选择对齐的基准（除了默认的"选定对象"，还可以选择"页面边缘""页面中心""网格""指定点"）。

　　属性栏：单击 ▤ 图标，打开如图 7-9 所示的泊坞窗，在其中可进行相关设置。

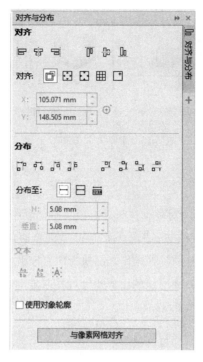

图 7-9 "对齐与分布"泊坞窗

7.1.2 对象分布

分布是指对象相对于指定范围或页面的位置。

> ➤ **特别提示**
>
> "对齐"与"分布"的区别在于,"对齐"是点对于线的位置操作,而"分布"是线对于面的位置操作。

菜单命令:选定要改变分布方式的对象,执行"对象"→"对齐与分布"菜单命令,在弹出的菜单(见图 7-1)中选择分布方式,单击即可。

泊坞窗:选定要对齐的对象,执行"窗口"→"泊坞窗"→"对齐与分布"菜单命令,弹出如图 7-9 所示的"对齐与分布"泊坞窗。

"分布"选项组中命令的用法与"对齐"选项组中命令的用法大致相同,不再详细介绍。

这里以针对页面的范围在水平方向上的操作为例,说明各种分布效果的区别(见图 7-10)。左、右端点在水平方向上分布于页面最左、最右的对象的左、右端会分别以页面的左、右边缘为基准对齐,然后使对象以指定的分布基准在页面上均匀分布。例如,选择以左端为基准时,水平方向上位于页面两侧的六边形的左、右边分别与页面的左、右边缘对齐,此时这两个对象的左边线相距 190.74mm,则页面上 3 个对象的左边线以 95.37mm(190.74mm/2=95.37mm)的间距分布。

95.37
95.37
82.02
82.02
36.58
36.58
68.66
68.66

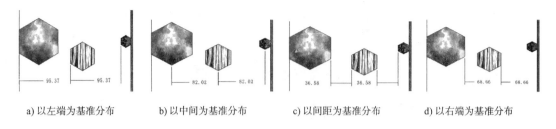

a) 以左端为基准分布　　b) 以中间为基准分布　　c) 以间距为基准分布　　d) 以右端为基准分布

图 7-10　水平方向分布效果

7.1.3　对象层次

菜单命令：选定要改变层次的对象，执行“对象”→“顺序”菜单命令，弹出如图 7-11 所示的菜单。单击相应命令，可直接执行“到页面前面”“到页面背面”“到图层前面”“到图层后面”“向前一层”“向后一层”“逆序”等操作。而执行“置于此对象前”“置于此对象后”操作时，在单击相应命令后，还要使用➧形状的鼠标指针选择基准对象。图 7-12 ~ 图 7-15 所示为原图像及对其右侧的圆实施部分操作的效果。

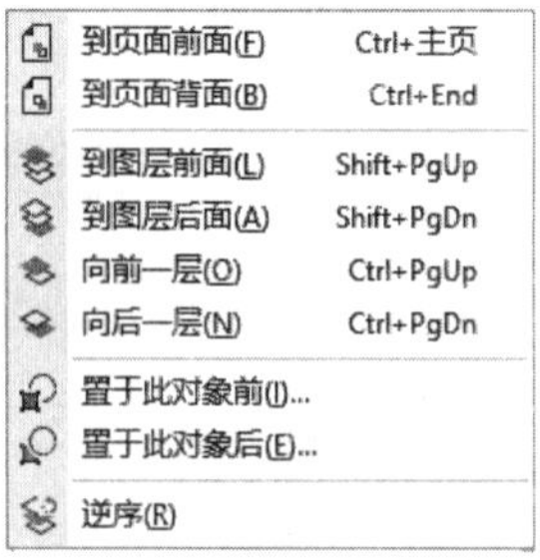

到页面前面(F)　Ctrl+主页
到页面背面(B)　Ctrl+End
到图层前面(L)　Shift+PgUp
到图层后面(A)　Shift+PgDn
向前一层(O)　Ctrl+PgUp
向后一层(N)　Ctrl+PgDn
置于此对象前(I)...
置于此对象后(E)...
逆序(R)

图 7-11　“顺序”菜单

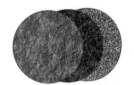

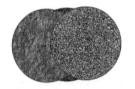

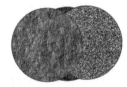

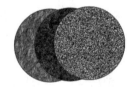

图 7-12　原图像

图 7-13　“到图层前面”的效果

图 7-14　“向前一层”的效果

图 7-15　“逆序”的效果

右键快捷菜单：选定要改变层次的对象，右击，在弹出的右键快捷菜单中单击“顺序”并单击相应命令。

属性栏：选定要改变层次的对象，单击按钮可进行“到图层前面”操作，单击按钮可进行“到图层后面”操作。

泊坞窗：执行“窗口”→“泊坞窗”→“对象”菜单命令，打开如图 7-16 所示的“对象”泊坞窗。在泊坞窗中，当前页面所有的对象按照从顶层到底层的顺序依次显示。单击要改变层次的对象，上下拖动到想要的位置即可。当页面包括多个图层时，使用泊坞窗还能将对象跨层次移动。

快捷键：{Ctrl+Home}（到页面前面），{Ctrl+End}（到页面后面），{Shift+PgUp}（到图层前面），{Shift+PgDn}（到图层后面），{Ctrl+PgUp}（向前一层），{Ctrl+PgDn}（向后一层）。

图 7-16 "对象"泊坞窗

7.2 对象群组与解群

7.2.1 对象群组

"群组"是将多个对象组合在一起的操作。群组后的对象会处于同一图层中，其相对关系（如位置、层次等）在进行统一操作时不会改变。

菜单命令：选定要群组的对象或对象组，执行"对象"→"组合"→"组合"菜单命令，可对选定的多个对象或对象组进行群组操作。

右键快捷菜单：选定要群组的对象或对象组，右击，在弹出的右键快捷菜单中单击"组合"命令。

属性栏：选定要群组的多个对象，单击 按钮。

快捷键：{Ctrl+G}。

7.2.2 取消群组

菜单命令：选定要解群的对象组，执行"对象"→"组合"→"取消群组"菜单命令，可将指定对象组拆散为最后一次群组前的对象或对象组。

右键快捷菜单：选定要解群的对象组，右击，在弹出的右键快捷菜单中单击"取消群组"命令。

> ➤ **特别提示**
>
> 当选定的对象只有一个或只有一个群组时，"群组"命令处于非激活状态或不显示。

属性栏：选定要解群的对象组，单击 按钮。

快捷键：{Ctrl+U}。

7.2.3 取消全部群组

菜单命令：选定要解群的对象组，执行"对象"→"组合"→"全部取消组合"菜单命令，可将群组的所有对象全部拆散为单一对象而不含对象组。

右键快捷菜单：选定要解群的对象组，右击，在弹出的右键快捷菜单中单击"全部取消组合"命令。

属性栏：选定要解群的对象组，单击 按钮。

▶ **操作技巧**

对象群组命令可将"对象"与"对象"群组，也可将"对象"与"对象组"或"对象组"与"对象组"群组。群组的先后顺序虽然对群组的结果无关，但会影响到"取消群组"操作的结果。例如，将对象A、B组合成对象组[AB]，将对象C、D组合成对象组[CD]，再将对象组[AB]、[CD]组合成对象组[ABCD]，进行1次"取消群组"操作会得到对象组[AB]和[CD]；而将对象A、B、C组合成对象组[ABC]，再将对象组[ABC]与对象D组合成对象组[ABCD]，进行1次"取消群组"操作会得到对象组[ABC]和对象D。因此，对多个对象执行"群组"操作时，应注意不同对象之间的相互关系，尽量将关联较近的对象先行群组，再对等级相同的对象组进行群组，这样有利于对复杂对象组的管理和局部修改。

7.3 对象合并与拆分

7.3.1 对象合并

"合并"是将不同对象转换为一个曲线对象的操作。曲线的属性与底层被合并对象保持一致；曲线的形状是叠加的结果，合并前奇数层叠加的位置显示为曲线的内部，偶数层叠加的位置显示为曲线的外部。"合并"操作效果如图7-17所示。

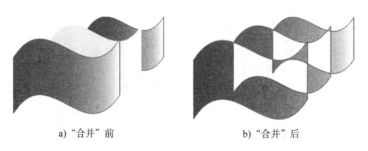

a) "合并"前   b) "合并"后

图7-17 "合并"操作效果

菜单命令：选定要合并的对象，执行"对象"→"合并"菜单命令。

右键快捷菜单：选定要合并的对象，右击，在弹出的右键快捷菜单中单击"合并"。

属性栏：选定要合并的对象，单击 按钮。

快捷键：{Ctrl+L}。

7.3.2 对象拆分

"拆分"是将由执行"合并"命令产生的曲线对象拆成"合并"前对象的操作。"拆分"后的对象与"合并"前的对象轮廓形状一致，层次关系恰好相反。例如，图7-18所示为对图7-17中"合并"后的对象"拆分"的结果，图7-18b、c所示则分别是对图7-18a再次"合并"及"拆分"后的结果，将图7-18a与图7-18c对比可看出"拆分"操作对对象层次的影响。

a）"拆分"后   b）再次"合并"后   c）再次"拆分"后

图7-18   "拆分"操作效果

> ➤ **特别提示**
>
> 不能将"拆分"当作"合并"的逆操作，因为拆分由"合并"操作产生的曲线后，仅能还原原对象的形状，但不能还原原对象的属性信息。

菜单命令：选定要拆分的对象，执行"对象"→"拆分"菜单命令。

右键快捷菜单：选定要拆分的对象，右击，在弹出的右键快捷菜单中单击"拆分曲线"命令。

属性栏：选定要拆分的对象，单击 按钮。

快捷键：{Ctrl+K}。

7.4 对象锁定与解锁

"锁定"命令可以将一个或多个对象，以及一个或多个对象组固定在页面的指定位置，并同时锁定其属性，以防止编辑好的对象被误更改。

7.4.1 对象锁定

菜单命令：选定要锁定的对象，执行"对象"→"锁定"→"锁定"菜单命令。此时被锁定对象周围的控制点变为 形状，对象除解锁外无法进行任何编辑。

右键快捷菜单：选定要锁定的对象，右击，在弹出的右键快捷菜单中单击"锁定"命令。

7.4.2　解除锁定对象

菜单命令：选定要解除锁定的对象，执行"对象"→"锁定"→"解锁"菜单命令。此时指定对象周围的控制点恢复为■形状，可进行任何编辑。

右键快捷菜单：选定要解除锁定的对象，右击，在弹出的右键快捷菜单中单击"解锁"命令。

7.4.3　解除全部锁定对象

菜单命令：执行"对象"→"锁定"→"对所有对象解锁"菜单命令，可将当前页面中的所有对象解除锁定。

7.5　对象造型

7.5.1　对象焊接

"焊接"是指用单一轮廓将两个对象组合成单一曲线对象。当被焊接对象重叠时，它们会结合为单一的轮廓；当被焊接对象不重叠时，它们虽不具有单一轮廓，但可作为单一对象进行后续操作。在"焊接"操作中，对象被分为"源对象"和"目标对象"，进行"焊接"操作后，"源对象"将具有"目标对象"的属性信息。

图 7-19 所示为将椭圆形对象和矩形对象"焊接"成酒杯的过程。其中，图 7-19a、b 所示为将最上方的椭圆形对象和矩形对象"焊接"在一起并保留椭圆形对象，图 7-19b、c 所示为将最下方的椭圆形对象和矩形对象"焊接"在一起并保留矩形对象，图 7-19c、d 所示为将上方"焊接"后的椭圆形对象和矩形对象与中间的椭圆形对象"焊接"在一起并保留上方对象，图 7-19d、e 所示为将两对象"焊接"在一起并保留上方对象。

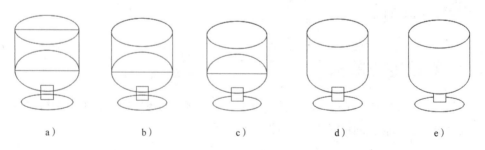

a）　　　　　b）　　　　　c）　　　　　d）　　　　　e）

图 7-19　将椭圆形对象和矩形对象"焊接"成酒杯的过程

菜单命令：先选定源对象，再选定目标对象，执行"对象"→"造型"→"合并"菜单命令。

泊坞窗：执行"窗口"→"泊坞窗"→"形状"菜单命令，打开"形状"泊坞窗。在下拉列表中选择"焊接"选项，如图 7-20 所示。下方显示出执行"焊接"操作后的效果。选定源对象后（如果需要保留源对象或目标对象，则勾选"保留原始源对象"或"保留原目标对象"复选框），单击"焊接到"按钮（此时鼠标指针变成 ▶□ 形状），然后单击目标对象，即可完成"焊接"操作。

图 7-20　在"形状"泊坞窗中选择"焊接"选项

7.5.2　对象修剪

"修剪"是通过移除重叠的对象区域来创建形状不规则的对象。在"修剪"前，需确定目标对象（要修剪的对象）和源对象（用于进行修剪的对象），在"修剪"后，目标对象在源对象外的区域会被去除。图 7-21 所示为以椭圆形为源对象、不规则折线为目标对象，通过"修剪"操作制作破碎的蛋壳。

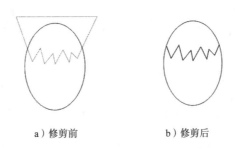

a）修剪前　　　　　　　　　　b）修剪后

图 7-21　通过"修剪"操作制作破碎的蛋壳

菜单命令：先选定源对象，再选定目标对象，执行"对象"→"造型"→"修剪"菜单命令。

泊坞窗：执行"窗口"→"泊坞窗"→"形状"菜单命令，打开"形状"泊坞窗，在下拉列表中选择"修剪"选项，如图 7-22 所示。泊坞窗中显示出进行"修剪"操作后的效果。选中源对象后（如果需要保留源对象或目标对象，则勾选"保留原始源对象"或"保留原目标对象"复选框），单击"修剪"按钮（此时鼠标指针变成 ▶□ 形状），然后单击目标对象，即可完成"修剪"操作。

图 7-22 在"形状"泊坞窗中选择
"修剪"选项

7.5.3 对象相交

"相交"是将 1 个或多个对象与目标对象相互重叠的部分创建为新对象的操作。新对象保留与目标对象相同的属性信息。图 7-23 所示为使用"相交"操作用 1 个圆形对象制作梅花的过程。其中,图 7-23a 所示为将圆形对象复制 4 个相同副本并旋转排列;图 7-23a、b 所示为对相邻的圆形两两做"相交"操作,保留目标对象和源对象;图 7-23b、c 所示为删除5 个圆形对象;图 7-23c、d 所示为将相邻的花瓣两两做"相交"操作,保留目标对象和源对象;图 7-23d、e 所示为将右侧花瓣调整至页面底层;图 7-23e、f 所示为全选所有对象,做"相交"操作,保留目标对象和源对象,并将新创建的对象移至页面最上层。

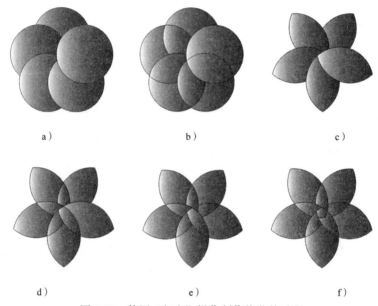

a)   b)   c)

d)   e)   f)

图 7-23 使用"相交"操作制作梅花的过程

菜单命令:选定源对象和目标对象,执行"对象"→"造型"→"相交"菜单命令。

泊坞窗:执行"窗口"→"泊坞窗"→"形状"菜单命令,打开"形状"泊坞窗,在下拉列表中选择"相交"选项,如图 7-24 所示。泊坞窗中显示出进行"相交"操作后的效果。选中源对象后(如果需要保留源对象或目标对象,则勾选"保留原始源对象"或"保留原目标对象"复选框),单击"相交对象"按钮(此时鼠标指针变成 形状),然后单击目标对象,

图 7-24 在"形状"泊坞窗中
选择"相交"选项

即可完成"相交"操作。

7.5.4 对象简化

"简化"是将下层对象与上层对象相互重叠的部分去掉的操作。图 7-25 所示为使用"简化"操作用 1 个心形对象和一个箭头对象制作"一'箭'钟情"的过程。其中,图 7-25a 所示为创建一个心形副本与源对象部分重叠;图 7-25a、b 所示为对两个心形进行"简化"操作,并适当移动右侧心形;图 7-25b、c 所示为再次对两个心形进行"简化"操作,并适当移动右侧心形;图 7-25c、d 所示为将箭头移动到页面最下层并创建一个副本;图 7-25d、e 所示为将新创建的箭头也移动到页面最下层,并与两个心形进行"简化"操作;图 7-25e、f 所示为将进行"简化"操作后的箭头移动到页面最上层,并移动到适当位置。

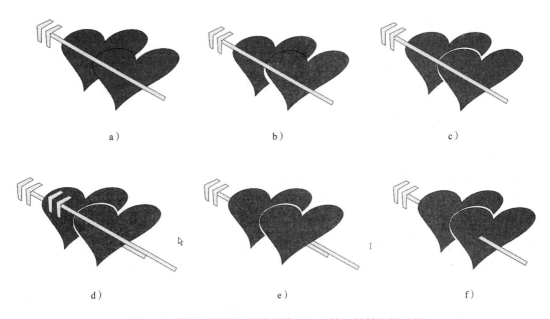

a)　　　　　　　　　　b)　　　　　　　　　　c)

d)　　　　　　　　　　e)　　　　　　　　　　f)

图 7-25　使用"简化"操作制作"一'箭'钟情"的过程

图 7-26　在"形状"泊坞窗中选
择"简化"选项

菜单命令:选定源对象和目标对象,执行"对象"→"造型"→"简化"菜单命令。

泊坞窗:执行"窗口"→"泊坞窗"→"形状"菜单命令,打开"形状"泊坞窗,在下拉列表中选择"简化"选项,如图 7-26 所示。泊坞窗中显示出进行"简化"操作后的效果。选定要进行"简化"操作的源对象和目标对象,单击"应用"按钮,即可完成"简化"操作。

7.5.5 对象叠加

"对象叠加"操作包括"前剪后"和"后剪前"两种。"前剪后"即"移除后面对象",是以位于页面前的对象为基础,去除位于页面后面的对象与其重叠的部分,创建新对象的操作;"后剪前"则恰好相反,即"移除前面对象"。图 7-27 所示为使用"移除后面对象"和"移除前面对象"操作制作"月儿弯弯"的过程。其中,图 7-27a 所示为创建 1 个圆形副本并移动至与源对象部分重叠,图 7-27a、b 所示为对两个圆形对象进行"移除后面对象"操作,图 7-27a、c 所示为对两个圆形对象进行"移除前面对象"操作。

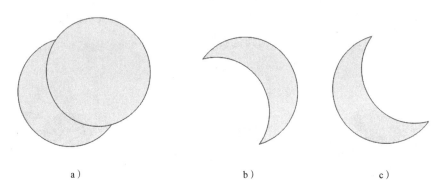

a）   b）   c）

图 7-27　使用"移除后面对象"和"移除前面对象"操作制作"月儿弯弯"的过程

菜单命令:选定前后两个对象或对象组,执行"对象"→"造型"→"移除后面对象"或"对象"→"造型"→"移除前面对象"菜单命令。

泊坞窗:执行"窗口"→"泊坞窗"→"形状"菜单命令,打开"形状"泊坞窗,在下拉列表中选择"移除后面对象"或"移除前面对象"选项,如图 7-28 和图 7-29 所示。泊坞窗中显示出进行"移除后面对象"或"移除前面对象"操作后的效果。选定前后两个对象,单击"应用"按钮,即可完成对象叠加操作。

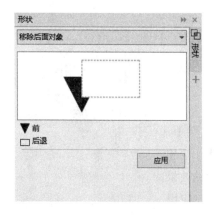

图 7-28　在"形状"泊坞窗中选择"移除后面对象"选项

图 7-29　在"形状"泊坞窗中选择"移除前面对象"选项

7.5.6　创建边界

在 CorelDRAW 2024 中，用户可以在图层上选定对象的周围创建路径，从而创建边界。此边界可用于各种用途，如生成拼版或剪切线。用户可以沿选定对象的闭合路径创建边界。默认的填充和轮廓属性将应用于依据该边界创建的对象。图 7-30 所示为将生成的边界用作其他对象的剪切线。

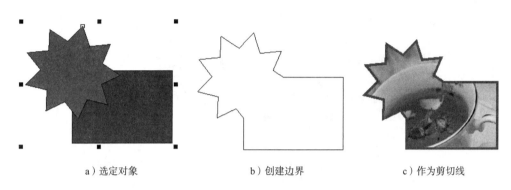

a）选定对象　　　　　　b）创建边界　　　　　　c）作为剪切线

图 7-30　将生成的边界用作其他对象的剪切线

菜单命令：选定对象或对象组，执行"对象"→"造型"→"边界"菜单命令。

泊坞窗：执行"窗口"→"泊坞窗"→"形状"菜单命令，打开"形状"泊坞窗，在下拉列表中选择"边界"选项，如图 7-31 所示。泊坞窗中显示出执行"边界"操作后的效果。勾选"保留原对象"或"放到选定对象后面"复选框，单击"应用"按钮，即可完成"边界"操作。

图 7-31　在"形状"泊坞窗中选择"边界"选项

7.6　对象转换

7.6.1　转换为曲线

"转换为曲线"可将非曲线对象转换为曲线对象。转换后的对象与原对象的形状没有区别，并非通常概念里的曲线。转换得到的对象可以进行曲线对象可进行的任何操作。

菜单命令：选定要转换为曲线的对象，执行"对象"→"转换为曲线"菜单命令。

右键快捷菜单：选定要转换为曲线的对象，右击，在弹出的右键快捷菜单中单击"转换为曲线"。

属性栏：选定对象，单击 按钮。

快捷键：{Ctrl+Q}。

7.6.2 将轮廓转换为对象

"将轮廓转换为对象"可把有轮廓的对象的轮廓从对象中提取出来。图 7-32 所示为将最左侧矩形对象的轮廓提取出来。

菜单命令：选定要提取轮廓的对象，执行"对象"→"将轮廓转换为对象"菜单命令。

快捷键：{Ctrl+Shift+Q}。

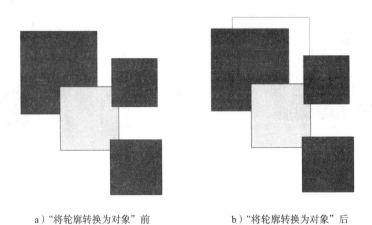

a）"将轮廓转换为对象"前　　　　　b）"将轮廓转换为对象"后

图 7-32　"将轮廓转换为对象"操作

➤ **特别提示**

"将轮廓转换为对象"命令不能提取群组对象的轮廓。

7.6.3 连接曲线

"连接曲线"可将曲线的起始点和结束点连接在一起。使用"连接曲线"操作可将多条曲线首尾连接。

泊坞窗：执行"对象"→"连接曲线"菜单命令，或"窗口"→"泊坞窗"→"连接曲线"菜单命令，打开如图 7-33 所示的"连接曲线"泊坞窗。使用选择工具按住 Shift 键选定要连接的多条曲线，在泊坞窗中选择连接曲线的方式，在"差异容限"文本框中输入数值（因为此时并不知道两条曲线中间的距离是多长，所以"差异容限"可以设置大一些），单击"应用"按钮，即可完成曲线连接操作。

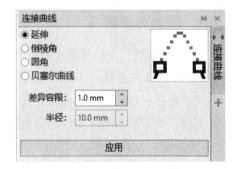

图 7-33　"连接曲线"泊坞窗

7.7 实例

7.7.1 实例1——新婚双喜

1）打开电子资料包"源文件/素材/第7章"文件夹中的文件"双喜素材"，如图7-34所示。将文件另存在"设计作品"文件夹中，命名为"新婚双喜.cdr"。

2）选取对象"喜"，创建1个副本，如图7-35所示。

图7-34　双喜素材

图7-35　创建副本

3）将两个对象"喜"移动至部分重叠，并水平居中对齐，如图7-36所示。

a）选择命令　　　　　　　　　　　b）操作效果

图7-36　使对象水平居中对齐

4）将两个对象"喜"进行群组，如图7-37所示。

5）选择多边形工具○中常见的形状工具♣，然后在属性栏中选择"心形"图形，如图7-38所示。

a）选择命令   b）操作效果

图 7-37 群组对象

6）将轮廓线的粗细设置为 0.1mm，绘制心形，如图 7-39 所示。

图 7-38 选择"心形"图形   图 7-39 绘制心形

7）选中心形，然后在调色板中选择红色，为心形填充颜色，如图 7-40 所示。使用"对象"→"顺序"菜单命令，将心形对象移动至双喜图层的后面，结果如图 7-41 所示。

8）适当调整心形对象和双喜字的大小，如图 7-42 所示。

图 7-40 填充颜色   图 7-41 将心形对象移动至   图 7-42 调整对象大小
                             双喜图层的后面

9）打开电子资料包"源文件 / 素材"文件夹中的文件"梅花"，选择全部对象，组合成群组，如图 7-43 所示。

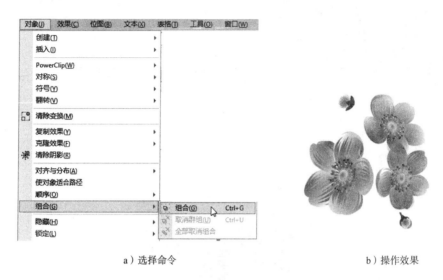

a）选择命令　　　　　　　　　　　　　　　　　　b）操作效果

图 7-43　群组梅花对象

10）复制群组后的对象并粘贴到文件"新婚双喜 .cdr"中，如图 7-44 所示。缩小梅花对象，如图 7-45 所示。

11）创建多个大小不同的梅花副本，随意置于心形对象的边缘，完成作品"新婚双喜"的制作，如图 7-46 所示。然后保存文件。

图 7-44　复制并粘贴群组后的对象　　　　图 7-45　缩小梅花对象　　　　图 7-46　作品"新婚双喜"

7.7.2　实例 2——爱鸟邮票

1）打开电子资料包"源文件 / 素材 / 第 7 章"文件夹中的文件"邮票素材 .cdr"，如图 7-47 所示。将文件另存在"设计作品"文件夹中，命名为"爱鸟邮票 .cdr"。

2）使用椭圆形工具绘制圆形，将圆形对象的大小设置为 10mm×10mm，如图 7-48 所示。

3）使用"步长和重复"命令创建 8 个相同的圆形对象副本，然后水平偏移 0mm，垂直偏移 -20mm，如图 7-49 所示。

图 7-47　邮票素材

图 7-48　绘制圆形对象并设置尺寸

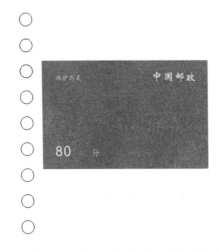

图 7-49　使用"步长和重复"命令创建并偏移副本

4）使用"群组"命令将 9 个圆形对象组合成对象组，如图 7-50 所示。

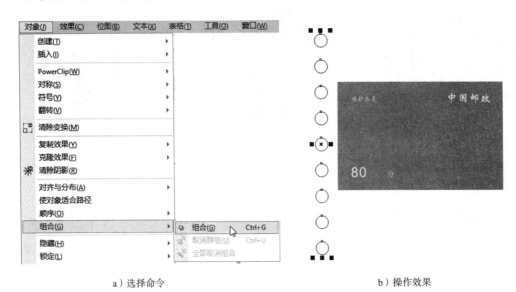

a）选择命令　　　　　　　　　　　　　　　　b）操作效果

图 7-50　群组圆形对象

5）在新位置创建两个圆形对象组副本，如图 7-51 所示。

6）将其中的 1 个圆形对象组旋转 90°，如图 7-52 所示。

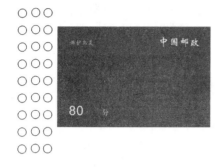

图 7-51　创建对象组副本　　　　　　　图 7-52　旋转 1 个圆形对象组

7）创建 1 个与旋转后水平的圆形对象组相同的对象组副本，如图 7-53 所示。

8）将矩形的尺寸改为长 200mm、宽 160mm，如图 7-54 所示。

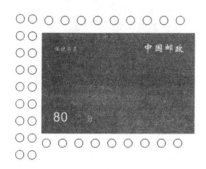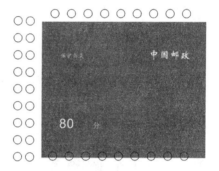

图 7-53　创建对象组副本　　　　　　　图 7-54　修改矩形尺寸

9）使矩形对象在页面居中分布，如图 7-55 所示。

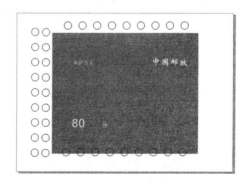

a）选择命令　　　　　　　　　　　　b）操作效果

图 7-55　使矩形对象在页面居中分布

191

10）选择"视图"→"贴齐"→"对象"命令，开启"贴齐对象"，如图 7-56 所示。

11）移动原始圆形对象组至矩形的右侧，使圆形对象组中最上方圆形的中心与矩形的右上角贴齐，如图 7-57 所示。

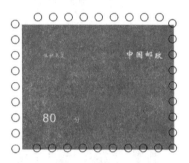

图 7-56 开启"贴齐对象"

图 7-57 使圆形对象组最上方圆形的中心与矩形的右上角贴齐

12）移动上、下两个圆形对象组，使其垂直中心分别与矩形对象的上、下边缘贴齐；移动左侧圆形对象组，使其水平中心与矩形对象的左侧边缘贴齐。

13）选择左侧圆形对象组，使其在页面垂直居中分布，如图 7-58 所示。

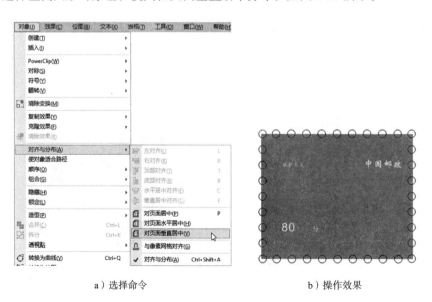

a）选择命令　　　　　　　　　　　b）操作效果

图 7-58 使左侧圆形对象组在页面垂直居中分布

14）选择上、下圆形对象组，使其在页面水平居中分布，如图 7-59 所示。

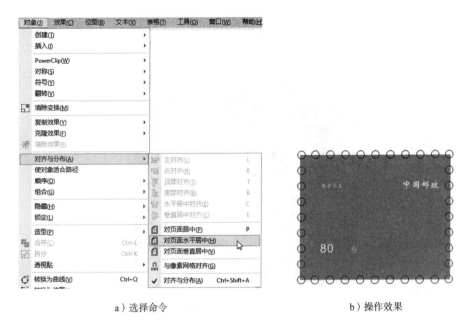

a）选择命令　　　　　　　　b）操作效果

图 7-59　使上、下圆形对象组在页面水平居中分布

15）选定所有圆形对象组及矩形对象，进行"移除前面对象"操作，如图 7-60 所示。

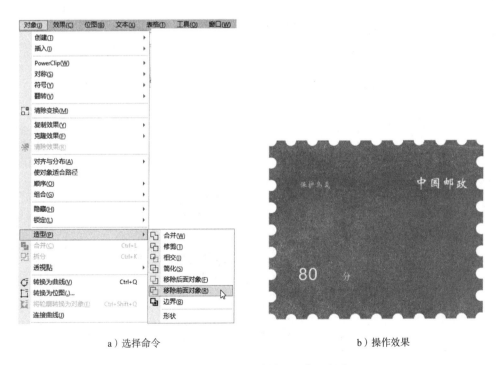

a）选择命令　　　　　　　　b）操作效果

图 7-60　进行"移除前面对象"操作

16）导入电子资料包"源文件 / 素材 / 第 7 章"文件夹中的文件"鸟 .jpg"图片，如图 7-61 所示。

图 7-61　导入"鸟"图片

17）执行"对象"→"对齐与分布"→"对页面居中"命令（见图 7-62），调整"鸟"图片的位置，使其在页面居中分布。

图 7-62　执行"对页面居中"命令

18）选择所有文字对象，将其移到页面前面，如图 7-63 所示。

a）选择命令   b）操作效果

图 7-63　移动文字对象到页面前面

19）移动页面上的文字对象"保护鸟类""中国邮政""80""分"至适当位置，并调整文字对象的大小和颜色。制作完成的作品"爱鸟邮票"如图 7-64 所示。然后保存文件。

图 7-64　制作完成的作品"爱鸟邮票"

7.8 思考与练习

一、选择题

1.当对齐对象到"页边"时，如果水平、垂直方向均选择"居中"，（   ）。

    A.对象将被拉伸至其各边缘的长度与面边一致

    B.对象将保持原对象尺寸，对象中心与页面中心对齐

    C.对象的中心将在页面的4条边的中心上移动，让用户进一步选择位置

    D.页面的尺寸将变为对象的尺寸，页面中心与对象中心一致

2.对于用鼠标逐个选择的对象，对齐以（   ）为基准。

    A.位于页面最底层的对象

    B.位于页面最顶层的对象

    C.第一个选定的对象

    D.最后一个选定的对象

3.下列说法正确的是（   ）。

    A.在图层最前面的对象一定在页面最前面

    B.在页面最前面的对象一定在图层最前面

    C.在图层最前面的对象一定不可以执行"向前一层"操作

    D.在页面最前面的对象可能可以执行"向前一层"操作

4.下列操作中，不是可逆操作的是（   ）。

    A."向前一层"与"向后一层"   B."组合对象"与"取消组合对象"

    C."对象结合"与"对象拆分"   D."对象锁定"与"解锁对象"

5.对于面积分别为$10cm^2$、$40cm^2$的两个部分重叠的对象，如果不改变其相对位置、尺寸和形状，但可随意改变其层次，进行一次下列操作，除（   ）外，均可得到相同的新对象。

    A."修剪"   B."相交"   C."前剪后"   D."后剪前"

6.（   ）操作产生的新对象所覆盖的区域一定与操作前对象覆盖的区域相同。

    A."焊接"   B."修剪"   C."简化"   D."前剪后"

7.（   ）操作产生的新对象会超过操作前对象覆盖的区域。

    A."焊接"   B."修剪"   C."相交"   D."闭合路径"

二、上机操作题

1.制作剪纸风格的作品"红梅"。

> **▶ 特别提示**
>
> "剪纸"作品一般颜色较为简单，造型线条清晰，对象连接充分，因此可在白色背景的基础上，选用电子资料包中本章的素材，作为外形大致接近的基本造型，再使用7.5节中的命令对对象进行处理。对有重复性的对象，可以充分使用对象复制、粘贴等命令。图7-65所示为作品"红梅"的参考效果。

图 7-65　作品"红梅"

2. 完成电影胶片效果。

第 *8* 章　位图的应用

人文素养

故宫博物院在开创文化产品上走在了前列，设计师通过深度挖掘丰富的明清皇家文化元素，将故宫的建筑、文物及背后的故事与人们喜欢的时尚表达理念相结合，打造出了具有故宫文化内涵及鲜明时代特征、贴近群众实际需求、深受消费者喜爱的故宫元素文创产品。从纸胶带、翠玉白菜阳伞到朝珠耳机等，故宫的文创产品特征和设计思维不只是在创意层面上的发挥，更多的是沿着故宫历史脉络发掘出深藏的故宫文化元素，并作为传播载体不断发展。

在同质化的大环境下，购买产品时，消费者更注重的是产品的个性。个性化设计是经济发展的必然要求，是新世纪设计发展的又一个趋势。作为设计师，应提升自己的分析能力，突出设计的个性化。

本章导读

CorelDRAW 虽然是矢量图形设计软件，但它在对位图的处理上同样毫不逊色。在 CorelDRAW 里对位图的处理，就像 Photoshop 的"滤镜"操作一样，而在 Photoshop 里要经过很多步骤才能做出的炫目效果，在 CorelDRAW 里也许只需要一步就可以实现。本章将学习有关位图的使用方法，包括编辑位图、位图滤镜的应用和图形的各种特效。

学习目标

1. 了解位图转换为矢量图的方法。
2. 能够运用滤镜设计图形。
3. 能够实现图形或文字的立体化效果。

8.1　编辑位图

在 CorelDRAW 2024 中，可以使用位图转换、描摹位图、颜色模式等系列工具对位图对象进行处理。

"位图转换"可将非位图对象转换为位图格式。

"描摹位图"可通过对图片精度不同程度地降低以及调色模式的改变，生成体积较小、颜色系统较为简单的图片，以适合网络传输等功能。

"颜色模式"可用于转换图片所使用的调色板，以便适应于打印、屏幕显示等不同输出需求。

8.1.1 位图转换

菜单命令：选定矢量图，执行"位图"→"转换为位图"菜单命令，将矢量图转换为位图；选定位图，执行"位图"→"编辑位图"菜单命令，编辑位图。

属性栏：单击 图标，编辑位图。

8.1.2 描摹位图

使用"描摹位图"系列工具可以将位图转换成线条图、徽标、详细徽标、剪贴画、低质量图像或高质量图像。这些种类的图像之间没有绝对的界限。

1. 命令说明

（1）线条图　一般指黑白草图和插图。

（2）徽标　一般指细节和颜色都较少的简单徽标。

（3）详细徽标　一般指包含精细细节和许多颜色的徽标。

（4）剪贴画　一般指包含可改变细节量和颜色数的现成的图形。

（5）低质量图像　一般指精细细节不足或精细细节并不重要的相片。

（6）高质量图像　一般指细节相当重要的高质量精细相片。

各种图像的区别主要在于"平滑"和"细节"两个指标。"平滑"可用于平滑曲线和控制节点数，其值越大，节点越少，所产生的曲线与原对象中的线条越不接近，图像质量越低，体积越小。"细节"是指处理结果中保留的原始细节量，其值越大，保留的细节越多，对象颜色的数量越多，图像质量越高，体积越大。图 8-1 所示为原图像。图 8-2 所示为系统根据自动分析结果进行智能处理后的"快速描摹"图像。图 8-3～图 8-8 所示分别为使用"描摹位图"的各种工具对图 8-1 所示图像进行处理的效果。

图 8-1　原图像　　　　　图 8-2　快速描摹　　　　　图 8-3　线条图

2. 菜单命令

选定位图对象，执行"位图"→"快速描摹"菜单命令（用于快速描摹），执行"位图"→"轮廓描摹"→"线条图"菜单命令（用于线条图），执行"位图"→"轮廓描摹"→"徽标"菜单命令（用于徽标），执行"位图"→"轮廓描摹"→"详细徽标"菜单命令（用于详细徽标），执行"位图"→"轮廓描摹"→"剪贴画"菜单命令（用于剪贴画），执行"位图"→"轮廓描摹"→"低质量图像"菜单命令（用于低质量图像），执行"位图"→"轮廓描摹"→"高质量图像"菜单命令（用于高质量图像），在弹出的对话框中设置各种参数，单击"确定"按钮。

图 8-4　徽标

图 8-5　详细徽标

图 8-6　剪贴画

3. 属性栏

单击 图标，弹出如图 8-9 所示的"描摹位图"下拉列表，在其中选择描摹方式。

图 8-7　低质量图像

图 8-8　高质量图像

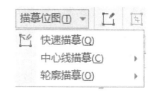

图 8-9　"描摹位图"下拉列表

8.1.3　颜色模式

"颜色模式"可用于定义图像的颜色特征。CMYK 颜色模式由青色、洋红色、黄色和黑色组成，RGB 颜色模式由红色、绿色和蓝色组成。尽管从屏幕上看不同颜色模式的图像没有太大的区别，而且在图像尺度相同的情况下，RGB 图像的文件比 CMYK 图像的小，但 RGB 颜色空间或色谱却可以显示更多的颜色。因此，凡是用于要求有精确色调逼真度的 Web 或桌面打印机的图像一般都采用 RGB 模式，在商业印刷机等需要精确打印再现的场合一般采用 CMYK 模式。调色板颜色图像在减小文件大小的同时力求保持色调逼真度，因而适合在屏幕上使用。使用"颜色模式"系列工具，可以将任意对象转换成所有 CorelDRAW 支持的颜色模式，包括黑白（1 位）、双色调（8 位）、灰度（8 位）、调色板（8 位）、RGB 颜色（24 位）、Lab 颜色（24 位）和 CMYK 颜色（32 位）。图 8-11 ~ 图 8-17 所示分别为将图 8-10 所示图像转换成各种颜色模式的效果。其中，图 8-11 所示为黑白 1 位，强度为 35 的 loyd-Steinberg

转换方法；图 8-12 所示为灰度 8 位；图 8-13 所示为双色 8 位，单色调，PANTONE Process BLACK C；图 8-14 所示为调色板，抵色强度为 100 的标准递色处理顺序；图 8-15 所示为 24 位 RGB 颜色；图 8-16 所示为 24 位 Lab 颜色；图 8-17 所示为 32 位 CMYK 颜色。

图 8-10　原图像

图 8-11　黑白 1 位

图 8-12　灰度 8 位

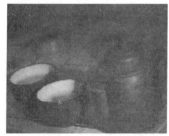

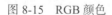

平衡曲线

图 8-13　双色 8 位

图 8-14　调色板

图 8-15　RGB 颜色

图 8-16　Lab 颜色

图 8-17　CMYK 颜色

菜单命令：选定位图对象，然后分别执行以下命令。

1）黑白 1 位：执行"位图"→"模式"→"黑白 1 位"菜单命令，设置转换方法、强度和屏幕类型。

2）灰度 8 位：执行"位图"→"模式"→"灰度 8 位"菜单命令。

3）双色 8 位：执行"位图"→"模式"→"双色 8 位"菜单命令，设置曲线类型，调节平衡曲线柱状图。

4）调色板色：执行"位图"→"模式"→"调色板色（8 位）"菜单命令，在"选项"选项卡里设置平滑度、调色板系统、递色处理顺序、抵色强度，在"范围的灵敏度"选项卡里查看调整范围敏感度的重要性和亮度，在"已处理的调色板"选项卡里查看颜色。

5）RGB 颜色：执行"位图"→"模式"→"RGB 颜色"菜单命令。

6）Lab 颜色：执行"位图"→"模式"→"Lab 颜色"菜单命令。

7）CMYK 颜色：执行"位图"→"模式"→"CMYK 颜色"菜单命令。

在弹出的确认转换用预置文件对话框中单击"OK"按钮。

8.2　位图滤镜的应用

CorelDRAW 的每种滤镜都提供了多种细分的滤镜效果，以便用户处理位图。

8.2.1　三维效果

"三维效果"系列工具通过对图像的局部做压缩或拉伸处理获得三维纵深感，可得到三维旋转、柱面、浮雕、卷页、挤远 / 挤近、球面、锯齿形效果。

1. 选项说明

下面以图 8-18 所示的原图像（位图）为基础，介绍各个滤镜。

（1）三维旋转　该滤镜可用于表现位图对象倾斜放置时从平面观看的效果。图 8-19 所示为对原图像进行三维旋转处理（垂直、水平方向倾斜量值均为 20）的效果。

图 8-18　原图像　　　　　　　　　　　　　　图 8-19　三维旋转

（2）柱面　该滤镜可以使被处理的位图对象达到像贴在柱子上的效果。图 8-20 和图 8-21 所示为对原图像进行柱面处理（水平、垂直均按 50%）的效果。

（3）浮雕　该滤镜可通过勾画图像或选区的轮廓和降低周围色值来产生不同程度的凸起和凹陷效果，使位图中的对象出现类似浮雕的效果。图 8-22 ～ 图 8-25 所示为对原图像进行浮雕处理（分别在原色、灰色、黑色及其他材质上做深度为 10、层次为 100、方向为 45° 雕刻）的效果。

图 8-20　柱面（水平）　　　　图 8-21　柱面（垂直）　　　　图 8-22　浮雕（原色）

图 8-23　浮雕（灰色）

图 8-24　浮雕（黑色）

图 8-25　浮雕（其他材质）

（4）卷页　该滤镜可通过对页面的一个角进行处理，得到位图所在纸面被卷起的立体效果。图 8-26 和图 8-27 所示为对原图像进行卷页处理（分别在页面右下角做宽度、高度均为 50 的垂直、透明卷页和水平、不透明卷页）的效果。

图 8-26　卷页（垂直、透明）

图 8-27　卷页（水平、不透明）

（5）挤远 / 挤近　该位置可对位图对象进行挤压，获得位图的中心与用户的距离较原位置更远或更近的效果。这种效果可通过局部的放大或缩小得到，负值为近，正值为远。图 8-28 和图 8-29 所示为对原图像进行挤压（变化值分别为 −50 和 50）的效果。

图 8-28　挤远 / 挤近（近）

图 8-29　挤远 / 挤近（远）

（6）球面　该滤镜可使位图对象产生在球面镜下观看的效果，正值放大，负值缩小。图 8-30 和图 8-31 所示为对原图像进行球面处理（分别为在优化速度的前提下 −50% 球面和在优化质量的前提下 30% 球面）的效果。

（7）锯齿形　该滤镜可以创建从可调中心点向外扭曲图像时所用的直线和角的波形。用户可以选择波形的类型并指定其数量和强度。图8-32所示为对原图像进行锯齿形处理的效果。

图8-30　球面（缩小）　　　　　图8-31　球面（放大）　　　　　图8-32　锯齿形

2.菜单命令

（1）三维旋转　执行"效果"→"三维效果"→"三维旋转"菜单命令，设置垂直和水平方向倾斜量。

（2）柱面　执行"效果"→"三维效果"→"柱面"菜单命令，设置柱面方向和百分比。

（3）浮雕　执行"效果"→"三维效果"→"浮雕"菜单命令，设置深度、层次、雕刻方向和材质颜色。

（4）卷页　执行"效果"→"三维效果"→"卷页"菜单命令，设置卷角位置、方向、高度、宽度和透明度。

（5）挤远／挤近　执行"效果"→"三维效果"→"挤远／挤近"菜单命令，设置挤压比例。

（6）球面　执行"效果"→"三维效果"→"球面"菜单命令，设置球面比例和优化考虑量。

（7）锯齿形　执行"效果"→"三维效果"→"锯齿形"菜单命令，设置波形的类型、数量和强度。

8.2.2　艺术笔触

"艺术笔触"系列滤镜用于表现手工绘画效果，可以将位图对象表现为使用炭笔、蜡笔、钢笔、水彩、水粉等不同绘画工具，波纹纸、木板等表现介质，以及立体派、印象派等不同艺术流派的绘画效果。

通过对图8-33所示图像的不同处理，可以得到如图8-34～图8-41所示的效果。其中，图8-34所示为大小为5的炭笔画，图8-35所示为压力为50、底纹为5的单色蜡笔画，图8-36所示为大小为12、轮廓为25的蜡笔画，图8-37所示为大小为10、亮度为25的立体派风格，图8-38所示为笔触为33、着色为5、亮度为50的印象派风格，图8-39所示为刀片尺寸为15、柔软边缘为2的调色刀作品，图8-40所示为笔触值为5、色度变化为30的柔性彩色蜡笔画，图8-41所示为笔触值为5、色度变化为3的油性彩色蜡笔画。

图 8-33　原图像

图 8-34　炭笔画

图 8-35　单色蜡笔画

图 8-36　蜡笔画

图 8-37　立体派

图 8-38　印象派

图 8-39　调色刀

图 8-40　彩色蜡笔画（柔性）

图 8-41　彩色蜡笔画（油性）

通过对图 8-42 所示图像的不同处理，可以得到如图 8-43～图 8-53 所示的效果。其中，

图 8-43 和图 8-44 所示分别为采用点画和交叉阴影方式绘制的线条密度为 75、墨水为 50 的钢笔画，图 8-45 所示为大小为 5、亮度为 50 的点彩派风格，图 8-46 和图 8-47 所示分别为背景颜色为多色和白色、密度为 25、大小为 5 的木版画，图 8-48 和图 8-49 所示分别为炭色和颜色的样式为 25、笔芯值为 75、轮廓值为 25 的素描，图 8-50 所示为画刷值为 1、颜料粒状为 50、水量为 50、出血值为 35、亮度为 25 的水彩画，图 8-51 所示为默认状态下大小为 1、颜色变化为 25 的水印画，图 8-52 和图 8-53 所示分别为色彩为颜色和黑白、笔刷压力为 10 的波纹纸画。

图 8-42　原图像

图 8-43　钢笔画（点画）

图 8-44　钢笔画（交叉阴影）

图 8-45　点彩派

图 8-46　木版画（多色背景）

图 8-47　木版画（白色背景）

菜单命令：

（1）炭笔画　执行"效果"→"艺术笔触"→"炭笔画"菜单命令，设置大小。

（2）单色蜡笔画　执行"效果"→"艺术笔触"→"彩色蜡笔画"📱菜单命令，设置压力和底纹。

（3）蜡笔画　执行"效果"→"艺术笔触"→"蜡笔画"菜单命令，设置大小和轮廓值。

（4）立体派　执行"效果"→"艺术笔触"→"立体派"菜单命令，设置大小和亮度。

图 8-48　素描（炭色）　　　　图 8-49　素描（颜色）　　　　图 8-50　水彩画

图 8-51　水印画　　　　　图 8-52　波纹纸画（颜色）　　　图 8-53　波纹纸画（黑白）

（5）印象派　执行"效果"→"艺术笔触"→"印象派"菜单命令，设置笔触值、着色和亮度。

（6）调色刀　执行"效果"→"艺术笔触"→"调色刀"菜单命令，设置刀片尺寸和柔软边缘值。

（7）彩色蜡笔画　执行"效果"→"艺术笔触"→"彩色蜡笔画"菜单命令，设置笔尖性质、笔触值和色度变化。

（8）钢笔画　执行"效果"→"艺术笔触"→"钢笔画"菜单命令，设置画法、线条密度和墨水量。

（9）点彩派　执行"效果"→"艺术笔触"→"点彩派"菜单命令，设置大小和亮度。

（10）木版画　执行"效果"→"艺术笔触"→"木版画"菜单命令，设置背影颜色、密度和大小。

（11）素描　执行"效果"→"艺术笔触"→"素描"菜单命令，设置用笔种类、笔芯值和轮廓值。

（12）水彩画　执行"效果"→"艺术笔触"→"水彩画"菜单命令，设置画刷值、颜料粒状、水量、出血值和亮度。

（13）水印画　执行"效果"→"艺术笔触"→"水印画"菜单命令，设置大小和颜色变化。

（14）波纹纸画　执行"效果"→"艺术笔触"→"波纹纸画"菜单命令，设置色彩和笔刷压力。

8.2.3　模糊

"模糊"系列滤镜通过将原位图对象的取样点按照一定的规则参考其周围点属性进行处理，可模拟出渐变、移动或杂色效果，从而得到更清晰、模糊或柔和的位图对象。

1. 选项说明

下面以图 8-54 所示的原图像（位图）为基础，介绍各个滤镜。

（1）平滑　该滤镜可以减少原位图文件中相邻像素的色差，从而增加质量较差的对象的细节。图 8-55 所示为使用此滤镜按 100% 的比率对原图像处理的结果。

（2）定向平滑　该滤镜在"平滑"算法的基础上加入了方向性（可能是色差的方向，也可能是位置的方向）。图 8-56 所示为使用此滤镜按 100% 的比率处理原图像的结果。

图 8-54　原图像　　　　　图 8-55　平滑　　　　　图 8-56　定向平滑

（3）模糊　该滤镜可通过减少相邻像素之间的颜色对比来平滑图像。它的效果轻微，能非常轻柔地柔和明显的边缘或突出的形状，根据对像素处理方式的不同，可分为锯齿状模糊、高斯式模糊、动态模糊、放射式模糊和智能模糊。"锯齿状模糊"滤镜可用来在指定的宽度和高度范围内产生锯齿状波动，如图 8-57 所示为宽度、高度均为 5 时使用"锯齿状模糊"均衡处理原图像的效果；使用"高斯式模糊"滤镜可以根据高斯算法中的曲线调节像素的色值控制模糊程度，造成难以辨认的、浓厚的图像模糊，对图像局部做高斯式模糊常常用于突出图像的非模糊部分，改变景深，如图 8-58 所示为半径为 5.0 像素时使用"高斯式模糊"处理原图像的效果；"动态模糊"滤镜可用来模仿物体运动时曝光的摄影手法，增加图像的运动感，如图 8-59 所示为间隔为 50 像素，方向为 0，在图像外围取样时忽略图像外像素，使用"动态模糊"处理原图像的效果；"放射式模糊"滤镜可用来从图像的中心向四周做模糊处理，使图像表现出从中心向四周渲染的感觉，如图8-60所示为数量为10时使用"放射式模糊"处理原图像的效果；"智能模糊"滤镜可用来消除图像中不需要的伪影和噪声，如图8-61所示为数量为50时使用"智能模糊"处理原图像的效果。

图8-57 锯齿状模糊　　图8-58 高斯式模糊　　图8-59 动态模糊　　图8-60 放射式模糊

（4）低通滤波器　该滤镜可用于保留图像中的低频成分及去除高频成分。图8-62所示为半径为5、比率为100%时使用"低通滤波器"处理原图像的效果。

（5）柔和　该滤镜可通过抑制色差降低图片的鲜明度，生成类似于拍摄时使用了柔光镜的画面感。图8-63所示为强度为100%时使用"柔和"处理原图像的效果。

（6）缩放　该滤镜实际上也是模糊的一种，它对图像的中心影响不大，对图像的周围影响较为明显，可以简便地达到突出图像中心位置对象的作用。图8-64所示为数量为25时使用"缩放"处理原图像的效果。

图8-61 智能模糊　　图8-62 低通滤波器　　图8-63 柔和　　图8-64 缩放

2. 菜单命令

（1）平滑　执行"效果"→"模糊"→"平滑"菜单命令，设置平滑百分比。

（2）定向平滑　执行"效果"→"模糊"→"定向平滑"菜单命令，设置平滑百分比。

（3）锯齿状模糊　执行"效果"→"模糊"→"锯齿状模糊"菜单命令，设置宽度和高度，选择是否进行均衡处理。

（4）高斯式模糊　执行"效果"→"模糊"→"高斯式模糊"菜单命令，设置半径。

（5）动态模糊　执行"效果"→"模糊"→"动态模糊"菜单命令，设置间隔、方向，选择在图像外围取样时的处理方式。

（6）智能模糊　执行"效果"→"模糊"→"智能模糊"菜单命令，设置数量。

（7）放射式模糊　执行"效果"→"模糊"→"放射式模糊"菜单命令，设置数量。

（8）低通滤波器　执行"效果"→"模糊"→"低通滤波器"菜单命令，设置强度百分比及半径。

（9）柔和　执行"效果"→"模糊"→"柔和"菜单命令，设置强度百分比。

（10）缩放　执行"效果"→"模糊"→"缩放"菜单命令，设置数量。

8.2.4 相机

"相机"系列中的"扩散"滤镜可以模拟扩散过滤器产生的效果，取样像素的颜色将影响其周围像素，同样也会被周围像素的颜色所影响。图 8-66 所示为使用"扩散"滤镜对图 8-65 所示的原图像做层次为 50 的处理效果。

图 8-65　原图像　　　　　　　　　　　图 8-66　扩散

菜单命令：执行"效果"→"相机"→"扩散"菜单命令，设定层次值。

8.2.5 颜色转换

使用"颜色转换"系列滤镜可以创建与原位图文件表现对象相同，但颜色有很大差异的摄影幻觉效果。这些效果可通过颜色的减少、增加或替换来获得。下面以图 8-65 所示的原图像（位图）为基础，介绍各个滤镜。

图 8-67 所示为使用"位平面"滤镜，对所有位面做红、绿、蓝均为 6 的处理效果，处理后的图像通过红、绿、蓝三原色的组合产生的单色色块取代图像中近似的颜色区域。图 8-68 所示为使用"半色调"滤镜，在最大为 3 的点半径上做青、洋红、黄均为 90 的处理效果，所用滤镜使用前景色在图像中产生网板图案，它可以保留图像中的灰阶层次。图 8-69 所示为使用"梦幻色调"滤镜做层次为 50 的处理效果，处理后的颜色变为明亮的、绚丽的颜色，如橘黄、鲜艳的粉红、青蓝、橙绿等，产生梦幻般的效果。图 8-70 所示为使用"曝光"滤镜做层次为 180 的处理效果，这种滤镜可模拟摄影中的曝光技术，改变原对象的灰度等参数。

 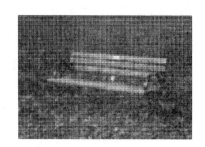

图 8-67　位平面　　　　　　　　　　　图 8-68　半色调

图 8-69 梦幻色调

图 8-70 曝光

菜单命令：

（1）位平面　执行"效果"→"颜色转换"→"位平面"菜单命令，设置应用范围和颜色控制量。

（2）半色调　执行"效果"→"颜色转换"→"半色调"菜单命令，设置最大点半径和颜色控制量。

（3）梦幻色调　执行"效果"→"颜色转换"→"梦幻色调"菜单命令，设置层次。

（4）曝光　执行"效果"→"颜色转换"→"曝光"菜单命令，设置层次。

8.2.6　轮廓图

"轮廓图"系列滤镜能够通过对相邻像素色差的分板把对象的边缘突出显示出来。

1. 选项说明

下面以图 8-65 所示的原图像（位图）为基础，介绍各个滤镜。

（1）边缘检测　该滤镜仅能够分析出位图中色差最大的一些像素，并以内部黑色填充、白色边缘的线体现，而对其他位置的像素则用设置的背景色填充，最终形成 2 色或 3 色的图像。图 8-71 所示为使用"边缘检测"滤镜，对原图像做使用白色背景色、灵敏度为 1 的处理效果。

（2）查找边缘　该滤镜对位图中色差最大的一些像素的处理方式与"边缘检测"滤镜相似，对色差较大的一些像素将以其他颜色替代。图 8-72 和图 8-73 所示为使用"查找边缘"滤镜，对原图像做边缘类型分别为软色和纯色、层次均为 50 的处理效果。

（3）描摹轮廓　这种滤镜是几种滤镜里对非高色差像素表现最真实的一种。图 8-74 和图 8-75 所示为使用"描摹轮廓"滤镜，对原图像做边缘类型分别为下降和上面、层次均为 60 的处理效果。

图 8-71　边缘检测

图 8-72　查找边缘（软色）

图 8-73　查找边缘（纯色）

211

图 8-74　描摹轮廓（下降）

图 8-75　描摹轮廓（上面）

2. 菜单命令

（1）边缘检测　执行"效果"→"轮廓图"→"边缘检测"菜单命令，设置灵敏度和背景色。

（2）查找边缘　执行"效果"→"轮廓图"→"查找边缘"菜单命令，设置层次值，选择边缘类型。

（3）描摹轮廓　执行"效果"→"轮廓图"→"描摹轮廓"菜单命令，设置层次值，选择边缘类型。

8.2.7　创造性

使用"创造性"系列滤镜可以为图像增加底纹和形状，使位图对象显示出被印在某些工业产品上的效果或在特殊天气条件时的效果。

1. 选项说明

（1）艺术样式　该滤镜可使用神经网络技术将一张图像的样式传输到另一张图像的内容上。基于对各种来源样式图像（包括底纹、图案、彩色马赛克和知名艺术家的绘画）的分析，人工智能预设可采用图像的语义内容，对其应用样式进行转换，并创建模拟参考图像的底纹、颜色、视觉图案和美感的样式图像。使用预设项进行试验可充分了解应用程序中可用样式和介质的集合。艺术样式可以改变效果的强度，强度越高，效果越显著，还可以控制细节水平，高数值会锐化边缘并显示更多图像细节，但会增加文件存储空间和处理时间。可以根据选定的样式预设和艺术意图来选择细节水平，如图 8-76 所示为原图像，图 8-77 ~ 图 8-93 所示为使用不同的样式预设对图 8-76 所示的原图像进行处理的艺术样式效果。

图 8-76　原图像

图 8-77　平滑的丙烯酸

图 8-78　模糊

图 8-79　炭色

图 8-80　粉色蜡笔

图 8-81　赭色

图 8-82　彩色蜡笔马赛克

图 8-83　后印象派

图 8-84　软彩色蜡笔

图 8-85　霓虹

图 8-86　粗边

图 8-87　饱和丙烯酸

图 8-88　波浪

图 8-89　落日

图 8-90　熔岩灯

图 8-91　木块

图 8-92　暖色底纹

图 8-93　木版画

（2）晶体化　该滤镜可将相近的有色像素集中到一个像素的多角形网络中，使图像出现大量块状体。图 8-94 所示为原图像，图 8-95 所示为大小为 2，使用"晶体化"滤镜对原图像进行处理的效果。

图 8-94　原图像

图 8-95　晶体化

（3）织物　该滤镜可以使对象生成刺绣、地毯勾织、彩格被子、珠帘、丝带和拼纸等效果。图 8-96 ～ 图 8-98 所示为使用"织物"滤镜对图 8-94 所示的原图像分别进行粗细为 25 的刺绣、粗细为 10 的珠帘、粗细为 5 的拼纸的处理效果（其完成率、亮度、旋转角度均为 100%、50、180°）。

图 8-96　织物（刺绣）

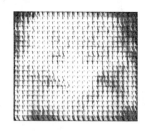
图 8-97　织物（珠帘）

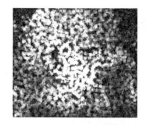
图 8-98　织物（拼纸）

（4）框架　该滤镜可以为位图对象添加具有一定透明度的图框。CorelDRAW 2024 允许用户使用系统预设的框架，也支持用户对框架颜色、不透明度、模糊 / 羽化程度、尺寸、中心位置和旋转角度进行修改。图 8-99 所示为对图 8-94 所示的原图像添加了预设框架 square_1.cpt，并进行了颜色为蓝色、不透明度为 80%、模糊 / 羽化程度为 5 处理的效果；图 8-100 所示为对图 8-94 所示的原图像添加了预设框架 square_2.cpt，并进行了颜色为绿色、不透明度为 80%、模糊 / 羽化程度为 5 处理的效果。

（5）玻璃砖　该滤镜可以创建图像贴在玻璃砖上的效果。图 8-101 所示为将图 8-94 所示的原图像贴在块宽度、块高度均为 20 的玻璃砖上的效果。

图 8-99　框架（蓝色）

图 8-100　框架（绿色）

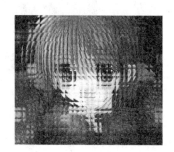
图 8-101　玻璃砖

（6）马赛克　该滤镜可将图像分解成许多规则排列的小方块，并将一个方块内的所有像素的颜色统一，产生马赛克效果。图8-102所示为块大小为10、背景颜色为CMYK(14, 10, 30, 0)，使用虚光的"马赛克"滤镜对图8-94所示的原图像进行处理的效果。

（7）散开　该滤镜可以使位图出现渲染的效果。图8-103所示为水平、垂直量均为5，使用"散开"滤镜对图8-94所示的原图像进行处理的效果。

（8）茶色玻璃　该滤镜可使位图出现被茶色玻璃遮罩的效果。图8-104所示为淡色为40%、模糊为90%、颜色为黑色，使用"茶色玻璃"滤镜对图8-94所示的原图像进行处理的效果。

图8-102　马赛克

（9）彩色玻璃　该滤镜可使图像产生不规则的彩色玻璃格子，格子内的颜色为当前像素的颜色。图8-105所示为大小为5、光源强度为2、焊接宽度为1、焊接颜色为黑色，在三维照明下使用"彩色玻璃"滤镜对图8-94所示的原图像进行处理的效果。

图8-103　散开　　　　　　　图8-104　茶色玻璃　　　　　　图8-105　彩色玻璃

（10）虚光　该滤镜能够产生类似给位图加上彩色框架的朦胧的怀旧效果。图8-106所示为采用红色椭圆形、偏移量为120、褪色量为75，使用"虚光"滤镜对图8-94所示的原图像进行处理的效果。

（11）旋涡　该滤镜可以使位图对象出现旋涡的效果。图8-107所示为大小为1、内部方向和外部方向均为180°、样式为层次，使用"旋涡"滤镜对图8-94所示的原图像进行处理的效果。

图8-106　虚光　　　　　　　　　　图8-107　旋涡

215

2.菜单命令

（1）艺术样式 执行"效果"→"创造性"→"艺术样式"菜单命令，选择样式，设置强度和细节。

（2）晶体化 执行"效果"→"创造性"→"晶体化"菜单命令，设置晶体大小。

（3）织物 执行"效果"→"创造性"→"织物"菜单命令，选择样式，设置粗细、完成率、亮度和旋转角度。

（4）框架 执行"效果"→"创造性"→"框架"菜单命令，在"选择"选项卡里选择框架，在"修改"选项卡里设置框架颜色、不透明度、模糊/羽化程度、尺寸、中心位置和旋转角度。

（5）玻璃砖 执行"效果"→"创造性"→"玻璃砖"菜单命令，设置玻璃砖的尺寸。

（6）马赛克 执行"效果"→"创造性"→"马赛克"菜单命令，设置块大小、背景颜色，选择是否使用虚光。

（7）散开 执行"效果"→"创造性"→"散开"菜单命令，设置水平、垂直量。

（8）茶色玻璃 执行"效果"→"创造性"→"茶色玻璃"菜单命令，设置淡色、模糊比例和颜色。

（9）彩色玻璃 执行"效果"→"创造性"→"彩色玻璃"菜单命令，设置大小、光源强度、焊接宽度、焊接颜色和照明方式。

（10）虚光 执行"效果"→"创造性"→"虚光"菜单命令，设置颜色、形状、偏移量和褪色量。

（11）旋涡 执行"效果"→"创造性"→"旋涡"菜单命令，设置样式、大小、内部方向和外部方向。

8.2.8　扭曲

"扭曲"系列滤镜可通过伸缩、偏移使图像表面变形，生成特殊的画面效果。

1.选项说明

下面以图 8-108 所示的原图像（位图）为基础，介绍各个滤镜。

（1）块状 该滤镜可将图像分解为随机分布的网点，模拟点状绘画的效果，使用背景色填充网点之间的空白区域。图 8-109 所示为使用宽度和高度均为 5、最大偏移为 50%、未定义区域为黑色的块状滤镜对原图像处理的效果。

（2）置换 该滤镜可用选定的图案替换位图中的某些区域，产生变形效果。图 8-110 和图 8-111 所示分别为使用 vibrate.pcx 和 rusty.pcx 模板做未定义区域重复边缘、水平、垂直量均为 10，平铺缩放模式的置换效果。

（3）偏移 该滤镜可将图像的中心位置移动并重新排列。当选择"未定义区域环绕"时，图像类似于按以指定中心位置为交点的水平线和垂直线被剪裁开，剪成的 4 个矩形部分重新排列，图 8-112 所示为水平、垂直量均为 50% 的位移值作为尺度的未定义区域环绕偏移效果；当选择"未定义区域重复边缘"时，原对象被剪成的 4 个矩形部分只有 1 个被保留，其余的位置用被保留部分移动反向的两个边缘效果连续填充，图 8-113 所示为水平、垂直量均为 50% 的位移值作为尺度的未定义区域重复边缘偏移效果。

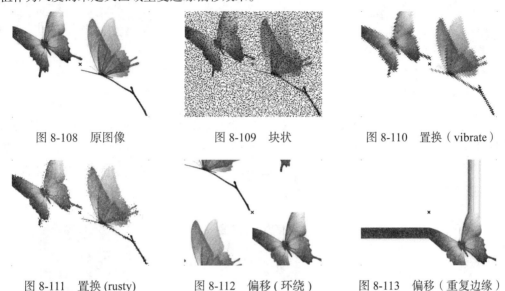

图 8-108　原图像　　　　　　　图 8-109　块状　　　　　　　图 8-110　置换（vibrate）

图 8-111　置换 (rusty)　　　　　图 8-112　偏移 (环绕)　　　　图 8-113　偏移（重复边缘）

（4）像素　该滤镜可使用纯色或相近颜色的像素结块来重新绘制图像。图 8-114 所示为像素化模式为射线，对宽度、高度、不透明度分别做 4、6、100 调整后的效果。

（5）龟纹和旋涡　该滤镜可通过对图像的不同部分进行伸缩处理使其扭曲，分别模拟龟纹和旋涡的效果。图 8-115 所示为主波纹的周期为 30、振幅为 10、优化方式为速度、垂直波纹的振幅为 5、扭曲角度为 90° 的龟纹效果，图 8-116 所示为定向方向为逆时针、优化方式为速度、角的整体旋转为 0°、附加度为 90° 的旋涡效果。

图 8-114　像素　　　　　　　　图 8-115　龟纹　　　　　　　　图 8-116　旋涡

（6）平铺　该滤镜可以原位图对象为最小单位，按指定尺寸在原位图位置按一定顺序反复出现。图 8-117 所示为水平和垂直平铺次数为 3、重叠 30% 的平铺效果。

（7）湿笔画　该滤镜可用于模拟在使用一定含水量的颜料绘画时画纸被渲染的效果。图 8-118 所示为湿润度为 45、处理百分比为 100% 的湿笔画效果。

（8）涡流　该滤镜可使用较低频率的噪声变异来处理原位图，产生杂乱的效果。图 8-119 所示为间距为 20、擦拭长度为 9、条纹细节为 60、扭曲为 70 的样式默认弯曲涡流效果。

（9）风吹效果　该滤镜能够模拟风吹过对象时的效果。图 8-120 所示为浓度为 75、不透明度为 100、角度为 0° 的风吹效果。

图 8-117　平铺　　　　　　　　图 8-118　湿笔画　　　　　　　图 8-119　涡流

（10）网孔扭曲　该滤镜可通过重新定位叠加网格上的节点来使图像变形。可以将网格线数量最大增加到 10 来增加节点数量。增加网格中的节点数量可以更精确地控制图像中的微小细节。用户可以使用任何一个预设网格扭曲样式，也可以创建和保存自定义网格扭曲样式。图 8-121 所示为原图像，图 8-122 所示为网孔扭曲后的效果。

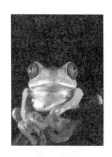

图 8-120　风吹效果　　　　　　图 8-121　原图像　　　　　　　图 8-122　网孔扭曲

2. 菜单命令

（1）块状　执行"效果"→"扭曲"→"块状"菜单命令，设置未定义区域颜色、块尺寸和最大偏移比例。

（2）置换　执行"效果"→"扭曲"→"置换"菜单命令，设置缩放模式、未定义区域处理方式、水平和垂直缩放比例，并选择模板。

（3）偏移　执行"效果"→"扭曲"→"偏移"菜单命令，设置水平、垂直位移比例，选择未定义区域处理方式以及是否将位移值作为尺度。

（4）像素　执行"效果"→"扭曲"→"像素"菜单命令，设置像素化模式，以及宽度、高度、不透明度的调整量。

（5）龟纹　执行"效果"→"扭曲"→"龟纹"菜单命令，设置主波纹的周期和振幅，选择优化方式以及是否使用垂直波纹（如果使用还需设置其振幅数值）、扭曲龟纹（如果使用还需设置扭曲角度）。

（6）旋涡　执行"效果"→"扭曲"→"旋涡"菜单命令，设置定向方向、优化方式、角的整体旋转度和附加度。

（7）平铺　执行"效果"→"扭曲"→"平铺"菜单命令，设置水平和垂直平铺次数以及重叠比例。

（8）湿笔画　执行"效果"→"扭曲"→"湿笔画"菜单命令，设置湿润度和处理比例。

（9）涡流　执行"效果"→"扭曲"→"涡流"菜单命令，设置间距、擦拭长度、条纹细节、扭曲量，选择样式以及是否进行弯曲处理。

（10）风吹效果　执行"效果"→"扭曲"→"风吹效果"菜单命令，设置浓度、不透明度和角度。

（11）网孔扭曲　执行"效果"→"扭曲"→"网孔扭曲"菜单命令，设置缩放模式以及水平、垂直缩放比例，选择未定义区域处理方式及模板。

8.2.9　杂点

"杂点"系列滤镜可用来修改图像的粒度，常常用于处理扫描得到的质量不是十分理想的图像。

1. 选项说明

下面以图 8-123 所示的原图像（位图）为基础，介绍各个滤镜。

（1）添加杂点　该滤镜可通过向图像中添加一些干扰像素使像素混合产生一种漫射的效果，增加图像的图案感，常用于掩饰图像被人工修改过的痕迹。图 8-124 所示为向原图像添加层次和密度均为 50、颜色模式为强度、均匀类型的杂点的效果。

（2）最大值　该滤镜可用来放大亮区色调，缩减暗区色调。图 8-125 所示为经过半径为 2、100% 处理后的效果。

图 8-123　原图像　　　　图 8-124　添加杂点　　　　图 8-125　最大值

（3）中值　该滤镜能够减少选区像素亮度混合时产生的干扰，通过搜索亮度相似的像素，去掉与周围像素反差极大的像素，以所捕捉的像素的平均亮度来代替所选中心的平均亮度。图 8-126 所示为以半径为 2 的中值滤镜处理后的效果。

（4）最小　该滤镜可用来放大图像中的暗区，缩减亮区。图 8-127 所示为经过半径为 1、100% 处理后的效果。

（5）去除龟纹　该滤镜能够除去与整体图像不太协调的纹理。图 8-128 所示为数量为 10、优化速度、缩减分辨率输出为原始的处理效果。

图 8-126　中值

图 8-127　最小

（6）去除杂点　该滤镜能除去与整体位图不太协调的斑点。图 8-129 所示为阈值为 120 的处理效果。

图 8-128　去除龟纹

图 8-129　去除杂点

2. 使用菜单命令

（1）添加杂点　执行"效果"→"杂点"→"添加杂点"菜单命令，选择杂点类型、颜色模式，设置层次、密度。

（2）最大值　执行"效果"→"杂点"→"最大值"菜单命令，设置处理百分比和半径。

（3）中值　执行"效果"→"杂点"→"中值"菜单命令，设置半径。

（4）最小　执行"效果"→"杂点"→"最小"菜单命令，设置处理百分比和半径。

（5）去除龟纹　执行"效果"→"杂点"→"去除龟纹"菜单命令，设置数量、缩减分辨率，选择优化方式。

（6）去除杂点　执行"效果"→"杂点"→"去除杂点"菜单命令，设置阈值，并选择是否自动进行操作。

8.2.10　鲜明化

"鲜明化"系列滤镜通过化边缘细节和平滑区域使边缘更为鲜明，对象更为醒目。

1. 选项说明

下面以图 8-130 所示的原图像（位图）为基础，介绍各个滤镜。

（1）适应非鲜明化　该滤镜能够使模糊的图案变得清晰。图 8-131 所示为对原图像做百分比为 50 的适应非鲜明化处理时的效果。

（2）定向柔化　"定向柔化"滤镜的效果与"适应非鲜明化"滤镜效果相似，可以使模糊的图像在一定的方向上变得清晰。图 8-132 所示为百分比为 50 时的定向柔化处理效果。

图 8-130　原图像　　　　　　图 8-131　适应非鲜明化　　　　　图 8-132　定向柔化

（3）高通滤波器　该滤镜可用于保留图像中的高频成分及去除低频成分。图 8-133 所示为经百分比为 100、半径为 1 的高通滤波器处理的位图效果。

（4）鲜明化　该滤镜可用于查找位图边缘像素，并增强它与相邻或者背景像素之间的对比度，以此来突出位图边缘。图 8-134 所示为位图经边缘层次为 25%、阈值为 0 的"鲜明化"滤镜处理的效果。

（5）非鲜明化遮罩　该滤镜可突出位图的边缘细节，使得一些模糊区域变得清晰。图 8-135 所示为百分比为 100、半径为 1、阈值为 10 的非鲜明化遮罩效果。

图 8-133　高通滤波器　　　　　图 8-134　鲜明化　　　　　　图 8-135　非鲜明化遮罩

2. 菜单命令

（1）适应非鲜明化　执行"效果"→"鲜明化"→"适应非鲜明化"菜单命令，设置百分比。

（2）定向柔化　执行"效果"→"鲜明化"→"定向柔化"菜单命令，设置百分比。

（3）高通滤波器　执行"效果"→"鲜明化"→"高通滤波器"菜单命令，设置半径和百分比。

（4）鲜明化　执行"效果"→"鲜明化"→"鲜明化"菜单命令，设置边缘层次及阈值。

（5）非鲜明化遮罩　执行"效果"→"鲜明化"→"非鲜明化遮罩"菜单命令，设置百分比、半径和阈值。

8.3　图形特效

在 CorelDRAW 2024 中，对图形进行立体化设置，以及添加透明效果、阴影效果和封套效果后，图形特效有所增强。

8.3.1 交互式立体化

工具箱：选定对象，单击工具箱中的█图标，弹出如图8-136所示的"阴影"工具栏。单击其中的❀图标，把鼠标指针移动到原对象（见图8-137）上，按住鼠标左键不放，向创建立体化效果的方向拖动，对象上出现如图8-138所示的立体化效果控制线，此时释放鼠标左键出现立体化效果。双击具有立体化效果的对象，对象上出现如图8-139所示的三维旋转控制线，把鼠标指针移动到控制线附近按住鼠标左键不放，向需要旋转的方向拖动，对象随之旋转，将对象旋转到适当位置释放鼠标左键。

泊坞窗：执行"效果"→"立体化"菜单命令，打开如图8-140所示的"立体化"泊坞窗，在其中可详细设置立体化效果的属性。

图8-136 "阴影"工具栏

图8-137 原对象

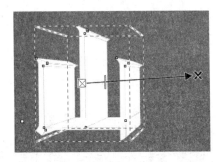

图8-138 立体化效果控制线

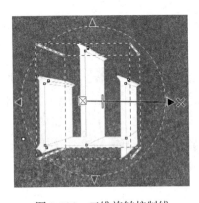

图8-139 三维旋转控制线

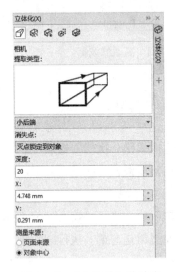

图8-140 "立体化"泊坞窗

8.3.2 交互式透明

工具箱：选定对象，单击透明度工具图标█，把鼠标指针移动到原对象（见图8-141）上，按住鼠标左键不放，此时对象上出现如图8-142所示的透明效果控制线，向创建透明效果的方向拖动，释放鼠标左键，出现透明效果。用鼠标拖动透明效果控制线，可移动透明位置或改变透明长度，如图 8-143 所示；拖动透明效果控制线上的长条矩形节点，可调整透明效果，如图 8-144 所示。

图 8-141　原对象

图 8-142　透明效果控制线

图 8-143　移动透明位置或改变透明长度

图 8-144　调整透明效果

1. 均匀透明

透明度是均匀色彩或立体化的透明程度，均匀透明可应用在任何 CorelDRAW 2024 创建的封闭路径对象中。下面简单介绍均匀透明的使用方法。

1）在工具箱中单击 图标，使用选择工具选择多边形对象。

2）在工具箱中单击 图标，这时属性栏如图 8-145 所示。

图 8-145　"透明度工具"属性栏

3）单击属性栏中的"均匀透明度"图标 ，属性栏变为如图 8-146 所示。

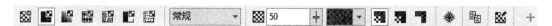

图 8-146　"均匀透明度"属性栏

223

4）单击╋按钮，拖动弹出的滑块 ▬▬▬▬┃▬▬▬ ，设置填充透明度，效果如图 8-147 所示。透明度数值越低，填充透明度就越低，数值越高，填充透明度就越高。在属性栏的"合并模式" 常规 ▼ 下拉列表中选择蓝色，效果如图 8-148 所示。

5）要进一步调整透明度，可单击属性栏中的 ❋ 图标，这时出现如图 8-149 所示的冻结效果。结合属性栏中的"透明度操作"下拉列表，可以实现多种均匀透明度效果。

图 8-147　设置填充透明度后的效果　　　图 8-148　选择蓝色后的透明度效果　　　图 8-149　冻结效果

2. 渐变透明

（1）线性渐变透明度　指透明度以直线形式流过对象。

（2）椭圆形渐变透明度　透明度以对象中心为圆心的同心圆路径流过对象。

（3）锥形渐变透明度　指透明度从对象中心以射线的路径流过对象。

（4）矩形渐变透明度　指透明度从对象中心以同心方形路径流过对象。

下面简单介绍渐变透明的使用方法。

1）先创建一个对象，在工具箱中单击 ▶ 图标，选择对象。

2）在工具箱中单击 ▨ 图标，启用"透明度工具"属性栏。

3）单击属性栏中"渐变透明度"图标 ▨ ，在所对应的渐变类型中选择"椭圆形渐变透明度"，此时属性栏如图 8-150 所示。

图 8-150　选择"椭圆形渐变透明度"后的属性栏

4）首先在透明开始处按住鼠标拖动，然后释放鼠标，出现透明亮度键，拖动透明亮度键，可以设置不透明程度，如图 8-151 所示。

绘图窗口中的透明度滑动条由箭头、起始手柄、末端手柄和滑块组成。滑块可以用来设置渐变透明度，滑块上的灰色填充代表了透明度的高低。灰度越高，透明度越高，黑色时为全透明；灰度越低，透明度越低，白色时为不透明。如果要修改结束点的透明度，可选中末端手柄，然后拖动透明度滑块。结合起始点和结束点，

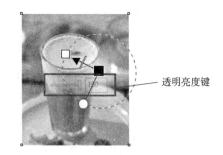

图 8-151　设置不透明度

可控制线性渐变透明的方向。更改渐变的角度后影响渐变透明度的外观。

可以拖动调色板上的颜色至透明度滑动条的手柄上，此时会按拖动颜色的灰度来设置手柄的灰度。也可以在属性栏上单击 🖾 图标，在弹出的"编辑透明度"对话框中重新设置。

3. 向量图样透明度

向量图样透明度和向量图样填充相似，可参阅 5.2.3 小节中的介绍。下面简单介绍向量图样透明度的使用方法。

1）在工具箱中单击 🖾 图标，这时属性栏如图 8-145 所示。

2）在属性栏中单击"向量图样透明度"图标 🖾，并在"样式"下拉列表中选择一个底纹库，然后选择一种所需底纹，如图 8-152 所示。

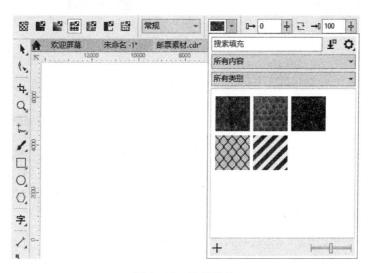

图 8-152　选择底纹

4. 位图图样透明度

在工具箱中单击 🖾 图标，然后在属性栏中选择"位图图样透明度"图标 🖾，这时属性栏如图 8-153 所示。

图 8-153　"位图图样透明度"属性栏

位图图样透明度与 5.2.3 小节中介绍的位图图样填充非常相似。用户可以控制图样的透明度，并可选择透明的图案类型。单击 ▓▓▼ 按钮，打开如图 8-154 所示的位图图样列表框，可以从中选择透明填充的图样类型。下面简单介绍位图图样透明度的使用方法。

1）在工具箱中单击 🖾 图标，这时属性栏如图 8-145 所示。

2）在属性栏中选择"位图图样透明度"图标 🖾。

3）单击"透明度挑选器" ▓▓▼ 按钮，打开位图图样列表框，选择需要的图样，如图 8-155 所示。然后将图样应用到图形中。

4）如果要进一步控制位图图样透明度，可在属性栏上单击■图标，在弹出的对话框里详细设置位图图样透明度。

图 8-154　位图图样列表框

图 8-155　选择图样

5）拖动属性栏中的前景透明度滑块 ┣→ 0 ┫ 和背景透明度滑块 →┃ 100 ┫，设置透明度。

5. 双色图样透明度

双色图样透明度和双色图样填充相似，可参阅 5.2.3 小节中的介绍。下面简单介绍双色图样透明度的使用方法。

1）在工具箱中单击■图标，这时属性栏如图 8-145 所示。

2）在属性栏中单击"双色图样透明度"图标■，这时属性栏如图 8-156 所示。

3）单击"透明度挑选器" ■■ 按钮，打开如图 8-157 所示的图样列表框，可从中选择需要的图样并将该图样应用到图形中。

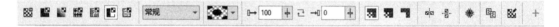

图 8-156　"双色图样透明度"属性栏

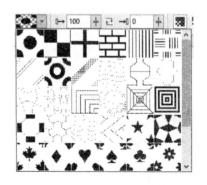

图 8-157　图样列表框

226

6.清除透明度

可以使用填充工具或调色板来清除透明度。使用这两种方式清除透明度，其实透明度的设置依然存在，只是清除了对象的填充。清除透明度后如果再对对象进行填充，透明度的设置依然起作用。下面简单介绍清除透明度的使用方法。

（1）应用填充工具来清除透明度

1）使用选择工具选择对象。

2）打开填充工具菜单，选择无填充图标⊠，即可清除透明度。

（2）应用调色板来清除透明度

1）使用选择工具选择对象。

2）在调色板上单击▱图标，即可清除透明度。

（3）用交互式透明工具彻底清除透明度

1）使用选择工具选择对象。

2）在工具箱中单击透明度工具图标▦。

3）在属性栏中单击无透明度图标▦。

8.3.3　交互式阴影

工具箱：选定对象，单击阴影工具栏中的▢图标，把鼠标指针移动到如图 8-158 所示的原对象上，按住鼠标左键，向创建阴影的方向拖动鼠标，此时对象上出现如图 8-159 所示的阴影效果控制线，并以矩形显示阴影范围，释放鼠标，出现阴影效果，如图 8-160 所示。用鼠标拖动控制线，可移动位置或改变长度，拖动控制线上的矩形节点，可调整阴影效果。

　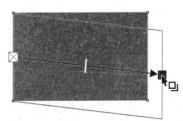　

图 8-158　原对象　　　　　图 8-159　阴影效果控制线　　　　　图 8-160　阴影效果

属性栏：拖动◖图标后的滑块可改变阴影羽化值，此值越大，阴影的边缘就越模糊。拖动▦图标后的滑块可改变阴影不透明度，此值越大，阴影效果越深。

下面简单介绍交互式阴影的使用方法。

1）单击属性栏中的▢图标，打开阴影的羽化方向下拉列表，如图 8-161 所示。在此下拉列表中可以选择阴影的羽化方向。

选择不同的羽化方向，可以生成不同的羽化效果。选择"平均"时，阴影最模糊，选择另外的选项时，▢图标变成可选。

2）单击图标，打开如图 8-162 所示的阴影边缘下拉列表，在其中可以为阴影选择一个下拉的边缘模式。要说明的是，阴影和原对象是动态链接在一起的，对原对象所做的任何更改都会使阴影做出相应的调整。使用交互式阴影工具拖动阴影控制条可再次编辑阴影与原对象之间的距离。

图 8-161　阴影的羽化方向下拉列表　　　　　图 8-162　阴影边缘下拉列表

3）选中对象，然后在"对象"菜单命令中执行"清除阴影"命令，可移除阴影效果。

使用透镜可以模拟某些相机镜头创建的效果。透镜效果可应用于具有封闭路径的对象，也可应用于延伸的直线、曲线，但不能应用于已经使用过各种效果的对象。

4）在"效果"菜单命令中单击选择"透镜"命令，或直接按下快捷键 {Alt+F3}，打开"透镜"泊坞窗，如图 8-163 所示。

CorelDRAW 2024 提供了多种透镜可供选择，这些透镜放置在预览框下面的下拉列表中，如图 8-164 所示。

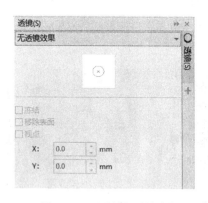

图 8-163　"透镜"泊坞窗　　　　　　　　图 8-164　"透镜"下拉列表

最常用的是"变亮"透镜。该透镜可以使透镜下面的对象更加明亮，在比率文本框中可以设置透镜加亮或者变暗的程度。当取值在 0% ~ 100% 之间时，可增加对象的亮度；当取值在 −100% ~ 0% 之间时，会降低对象的亮度。

8.3.4　交互式封套

1. 添加封套

下面简单介绍添加封套的使用方法。

1）选中准备添加封套效果的对象。

2）在工具箱中选择交互式封套工具 ，此时所选对象周围会显示出一个由多个节点控制的矩形封套，如图 8-165 所示。拖动控制点，即可变形所选对象。

3）单击属性栏中的 图标，可添加新的封套，如图 8-166 所示。

图 8-165　显示出矩形封套

图 8-166　添加新的封套

4）在属性栏中单击 **＋** 图标，可将选定的效果创建为预设封套。

5）与编辑曲线上的节点一样，可以使用属性栏和鼠标对封套上的节点进行移动、添加、删除以及更改节点的平滑属性等操作。封套节点可以通过属性栏上 区域中的图标更改平滑属性。单击 和 图标可改变节点的类型。

2. 封套的工作模式

封套的工作模式有 4 种，分别为非强制模式、直线模式、单弧模式及双弧模式，如图 8-167 所示。

在封套的直线模式下，直线可以沿水平或垂直方向改变封套的节点位置，但封套的边缘始终保持为直线。在交互式封套工具选取状态下，单击属性栏中的 图标，进入封套的直线模式，如图 8-168 所示。

图 8-167　封套的工作模式

在封套的单弧模式下，可以产生一个由曲线封套节点控制的弧线。封套的单弧模式如图 8-169 所示。

图 8-168　封套的直线模式

图 8-169　封套的单弧模式

在封套的双弧模式下，同样会产生一条弧线，但这条弧线同时受到本身节点和两端节点的控制。封套的双弧模式如图 8-170 所示。

封套的非强制模式拥有最大的变形余地，可以调节节点以及节点的控制点变形对象。封套的非强制模式如图 8-171 所示。

图 8-170　封套的双弧模式

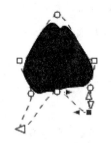

图 8-171　封套的非强制模式

3. 封套的映射模式

可以使用不同的映射模式使封套中的对象符合封套的形状。属性栏上的映射模式下拉列表中包括 4 个选项，即"水平""原始""自由变形""垂直"，如图 8-172 所示。使用不同的映射模式，可以得到不同的封套效果。

8.4　实例——制作小鱼缸

1）新建一个文件，将其保存。单击工具箱中的"椭圆形工具"按钮 ⬭，绘制一个椭圆形，然后按 {Ctrl+D} 键复制一个椭圆形并移动到前一个椭圆形的上方，作为放置鱼缸的桌面，如图 8-173 所示。

图 8-172　封套的映射模式

2）选中两个椭圆形，选择"对象"菜单栏中的"造型"→"修剪"命令，修剪掉桌面遮住的部分，如图 8-174 所示。

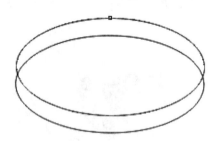

图 8-173　绘制并复制椭圆形

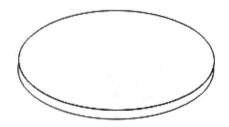

图 8-174　使用修剪工具

3）单击工具箱中的"选择"按钮 ▸，选中上面的椭圆，按快捷键 {F11}，打开如图 8-175 所示的"编辑填充"对话框，选择"底纹填充"选项，单击"填充"下拉按钮，打开其下拉列表，如图 8-176 所示。从中找到需要的图案，单击"OK"按钮，退出对话框，完成椭圆的填充。同样，对小月牙形状的桌面边缘进行填充，结果如图 8-177 所示。

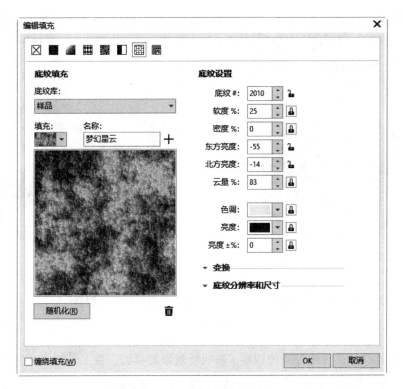

图 8-175 "编辑填充"对话框

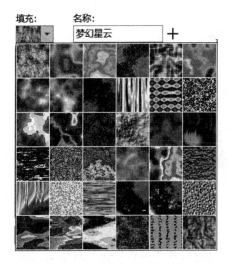

图 8-176 "填充"下拉列表

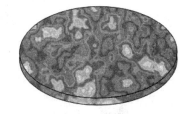

图 8-177 填充图案

4）复制一个小月牙，放置在下面，然后单击工具箱中的"选择"按钮 ，选中下面的小月牙，单击调色板中的"无填充"按钮 ，设置小月牙的填充颜色为无。按快捷键 {F11}，打开"编辑填充"对话框，选择"均匀填充"选项，设置小月牙的填充颜色为 C=0、M=0、Y=0、K=50，单击工具箱中的"透明度工具"按钮 ，用鼠标在小月牙上拖动，调整参数，使它达到一种灯光的效果，如图 8-178 所示。

5）单击工具箱中的"选择"按钮，按住 Shift 键的同时选中两个小月牙，选择菜单栏中的"对象"→"对齐与分布"→"对页面居中"命令，调整桌面的位置，然后用鼠标全选桌面，按 {Ctrl+G} 键，将它们群组在一起，如图 8-179 所示。

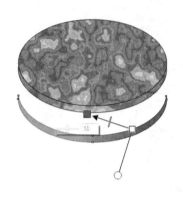 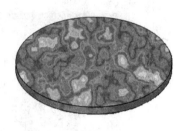

图 8-178　灯光效果　　　　　　　　　图 8-179　调整位置并群组桌面

6）单击工具箱中的"选择"按钮，选取绘制好的桌面，在工具箱中选择"阴影"图标，在桌面上按下鼠标左键并向斜下方拖动，为桌面添加阴影效果，如图 8-180 所示。

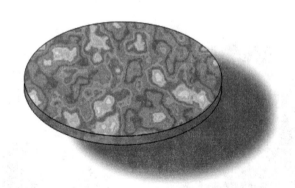

图 8-180　为桌面添加阴影效果

7）绘制一个矩形，作为桌腿。按下快捷键 {F11}，打开"编辑填充"对话框，选择"渐变填充"选项，设置渐变类型为"线性渐变填充"，设置颜色，设置完成后单击"OK"按钮。将绘制好的桌腿再复制 3 个，然后选中桌腿并移动到适当的位置。选择菜单栏中的"对象"→"顺序"→"到图层后面"命令，将桌腿图层放置到桌面下面。添加桌腿后的效果如图 8-181 所示。

8）单击工具箱中的"阴影"图标，选取最左边的桌腿，在桌腿上按下鼠标左键并向斜下方拖动，添加桌腿阴影，如图 8-182 所示。

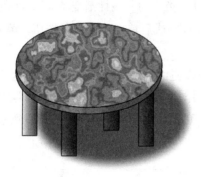

图 8-181　添加桌腿后的效果

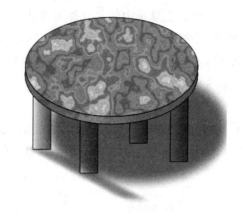

图 8-182　添加桌腿阴影

9）单击工具箱中的"椭圆形工具"按钮 ◯，绘制一个椭圆形，再单击工具箱中的"矩形工具"按钮 ▢，绘制一个矩形，并把矩形放在椭圆形的上面，如图 8-183 所示。

10）选中矩形和椭圆形，选择菜单栏中的"对象"→"造型"→"修剪"命令，修剪图形，结果如图 8-184 所示。然后将矩形删除。

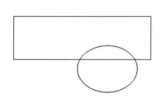

图 8-183　绘制矩形和椭圆形

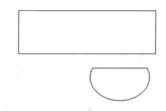

图 8-184　修剪图形

11）绘制两个椭圆形，把它们放在适当的位置，执行"对象"→"造型"→"形状"菜单命令，在弹出的泊坞窗中勾选"保留原始源对象"复选框，然后执行"修剪"菜单命令，单击大椭圆形。将修剪后的图形进行群组，完成鱼缸的绘制，如图 8-185 所示。

12）单击工具箱中的"矩形"图标 ▢，绘制一个矩形并将它放在大椭圆形上方。选中矩形和修剪后的大椭圆形，执行"对象"→"造型"→"形状"菜单命令，在弹出的泊坞窗中勾选"保留原目标对象"复选框，然后执行"修剪"菜单命令，单击大椭圆形。绘制水面线后的鱼缸如图 8-186 所示。

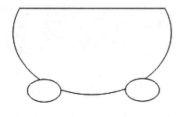

图 8-185　完成鱼缸的绘制

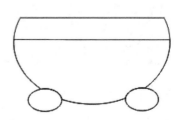

图 8-186　绘制水面线后的鱼缸

13）单击工具箱中的"选择"按钮 ，选中鱼缸中装水的部分，按快捷键 {F11}，打开"编辑填充"对话框，选择"渐变填充"选项，设置渐变类型为"线性渐变填充"，颜色为白色到蓝色渐变，旋转角度为 –90º，如图 8-187 所示。设置完成后单击"确定"按钮，填充颜色，结果如图 8-188 所示。

14）单击工具箱中的"艺术笔"工具 ，在其属性栏中单击"喷涂"按钮 ，然后在右侧的下拉列表中选择有绿草的笔头，在绘制好的鱼缸中添加水草，然后打开电子资料包中的"源文件 / 素材 / 第 8 章 / 鱼"素材文件，利用复制命令将鱼粘贴到鱼缸中，将它们调整到适当的大小和位置，结果如图 8-189 所示。

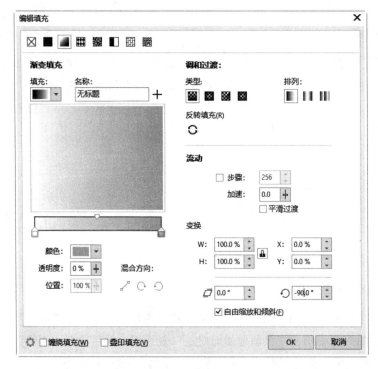

图 8-187　"编辑填充"对话框

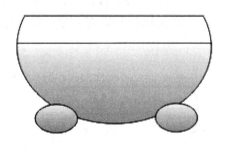

图 8-188　填充颜色

图 8-189　添加水草和鱼

15）把绘制好的鱼缸和鱼进行群组，然后放置在已经绘制好的桌子上，并调整好位置。打开电子资料包中的"源文件/素材/第8章/背景图"文件，利用"复制"命令将背景图粘贴到鱼缸页面中，然后调整背景图页面顺序。绘制完成的鱼缸如图8-190所示。

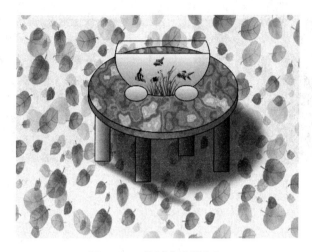

图 8-190　绘制完成的鱼缸

8.5　思考与练习

一、选择题

1.（多选）在设置填充透明度时，以下说法中正确的是（　　　）。

　A. 数值较低，填充的透明度就较高

　B. 数值较高，填充的透明度就较高

　C. 数值较低，填充的透明度就较低

　D. 数值较高，填充的透明度就较低

2.（多选）在"阴影"工具属性栏中，阴影的羽化方向有（　　　）。

　A. 向内　　　　　　B. 中间　　　　　　C. 向外　　　　　　D. 平均

3.（多选）应用封套的正确操作为（　　　）

　A. 选择一个对象

　B. 打开工具箱中的"交互式"工具条，单击"交互式封套工具"图标

　C. 在属性栏上选择封套模式

　D. 单击对象，并拖动节点对对象进行造型

4. 以下关于"艺术笔触"系列滤镜中的"炭笔画"滤镜的说法，不正确的是（　　　）。

　A. 炭笔的大小和边缘的浓度可以在 1～10 之间调整

　B. 最后的图像效果只能包含灰色

　C. 图像的颜色模型不会改变

　D. 既改变了图像的颜色模型，也改变了图像的颜色

二、上机操作题

将如图 8-191 所示的位图转换为如图 8-192 所示的矢量图。

图 8-191　位图

图 8-192　矢量图

第 *9* 章　打印输出

人文素养

学如逆水行舟，不进则退（《增广贤文》）。学生要想掌握现代化建设所需要的知识和本领，就必须要做到"学之以恒"。学习时要有一种如饥似渴、只争朝夕的精神，滴水穿石、磨杆成针的毅力，永不满足、攀登不止的追求。既要学好基础知识，又要不断更新知识；既要学习前人创造的文明成果，又要追随现代科学技术的发展脚步；既要注重学问上的深造，又要重视能力上的提高。

本章导读

打印输出是设计工作中的最后一个环节，也是展示作品的必要环节，在一定程度上会影响作品展示的效果和作品发布的成本。本章将介绍打印及 PDF 输出、Web 图像优化输出的方法，读者需熟练掌握。

学习目标

1. 熟练使用打印设置功能。
2. 能够通过打印预览功能观察作品的输出效果。
3. 掌握彩色分色方法。
4. 了解 PDF 输出、Web 输出功能。

9.1　打印预览

菜单命令：执行"文件"→"打印预览"菜单命令，打开打印预览窗口，如图 9-1 所示。此窗口与 CorelDRAW 2024 工作界面的风格基本相似，但功能不同。该窗口中包括菜单栏、标准工具栏、属性栏和工具箱，集中了所有用于打印输出、页面设置、查看页面的功能，而编辑工具仅保留了能够移动对象的"挑选工具"和改变对象显示尺寸的"缩放工具"。

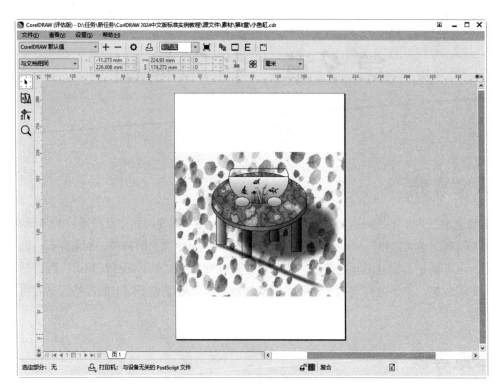

图 9-1　打印预览窗口

快捷键：{Ctrl+A}（打印样式另存为），{Ctrl+P}（打印），{Ctrl+T}（现在打印该页），{Alt+C}（关闭打印预览），{Ctrl+R}（标尺），{Ctrl+H}（显示当前平铺页），{Ctrl+U}（全屏），{Ctrl+G}（转到），{Ctrl+E}（常规），{Ctrl+L}（布局），{Ctrl+S}（分色），{Ctrl+M}（预印），{Ctrl+I}（印前检查），{Ctrl+D}（双面打印设置向导），{Ctrl+F1}（帮助主题）。

9.1.1　菜单栏

菜单栏（见图 9-2）中的命令分为"文件""查看""设置"和"帮助"4 组。未出现在普通界面的命令的使用方法将在本章的其他节中分类介绍。

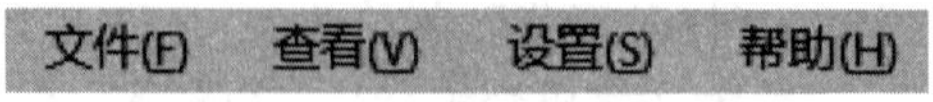

文件(F)　　查看(V)　　设置(S)　　帮助(H)

图 9-2　菜单栏

9.1.2　标准工具栏

在标准工具栏（见图 9-3）中，＋、─图标用于保存和删除打印样式；图标✿用于开启打印选项；图标 用于开始当前打印；图标 用于全屏显示；图标 用于启用分色；图标 用于设置反色；图标 E 用于镜像对象；图标 用于关闭预览窗口，返回普通界面。

图 9-3   标准工具栏

9.1.3 工具箱

工具箱（见图 9-4）中包括 4 个图标，依次为"挑选工具"图标、"版面布局工具"图标、"标记放置工具"图标和"缩放工具"图标，其中"挑选工具"和"缩放工具"的用法与普通界面中的相同。

当使用"挑选工具"时，属性栏如图 9-5 所示。选定对象，在左侧的"页面中的图像位置"下拉列表中可选择对象在页面中的位置，如图 9-6 所示。在后面的文本框中可更改对象尺寸。

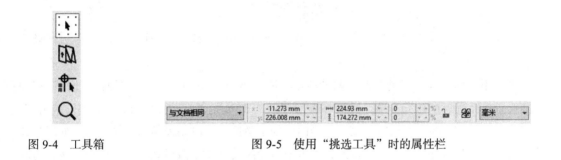

图 9-4   工具箱   图 9-5   使用"挑选工具"时的属性栏

当使用"版面布局工具"时，属性栏如图 9-7 所示。在左侧的"当前的版面布局"下拉列表中可以选择设置当前的版面布局的选项，如图 9-8 所示；在"编辑的内容"下拉列表中可以选择编辑内容设置的选项，包括"编辑基本设置""编辑页面位置"" 编辑页边距"选项，如图 9-9 所示；在"装订模式"下拉列表中可以选择设置装订方法的选项，包括"无线装订""鞍状订""校对和剪切""自定义装订"选项，如图 9-10 所示，选择一种装订方法后系统会自动预留装订所需的空间。

图 9-6 "页面中的图像位置"
下拉列表

图 9-7   使用"版面布局工具"时的属性栏

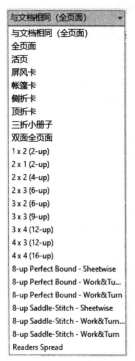

图 9-8　"当前的版面布局"
下拉列表

图 9-9　"编辑的内容"下拉列表

图 9-10　"装订模式"下拉列表

　　当使用"标记放置工具"时,属性栏如图 9-11 所示。此时可选择将各种设计标记打印在作品上。图标 🔲、🔲、└、✛、▬▬▬、┊可分别用于切换是否打印文件信息、页码、裁剪标记、校准标记、颜色校准栏、密度计刻度,当图标处于激活状态时相关信息将被打印。如果想让系统自动分配这些信息在页面上的位置,可单击图标┊使其处于激活状态;关闭此图标,可在文本框中设置位置。图标 ⚙ 可用于开启打印选项。

　　当使用"缩放工具"时,属性栏如图 9-12 所示。其中图标的用法与普通界面中的缩放工具的用法相同,不再详细介绍。

图 9-11　使用"标记放置工具"时的属性栏　　　　图 9-12　使用"缩放工具"时的属性栏

9.2　打印选项

　　菜单命令:执行"文件"→"打印"菜单命令,弹出如图 9-13 所示的"打印"对话框。单击"打印预览"按钮可查看打印效果,单击"打印"按钮可开始打印。如果还需要设置打印选项,在各选项卡中设置即可。

　　工具栏:单击图标 🖨 开始打印。

快捷键：{Ctrl+P}。

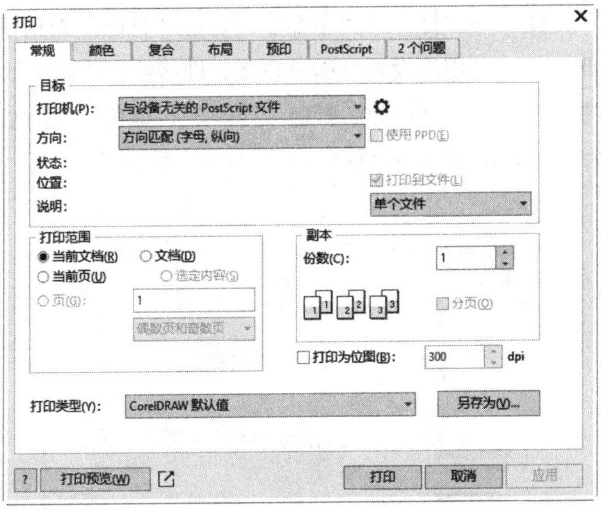

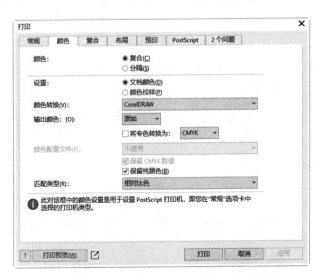

图 9-13 "打印"对话框

9.2.1 常规设置

菜单命令：执行"文件"→"打印"菜单命令，打开"打印"对话框，选择"常规"选项卡，如图 9-13 所示。在其中可选择打印机，设置打印范围和打印的数量。

9.2.2 颜色设置

菜单命令：执行"文件"→"打印"菜单命令，打开"打印"对话框，选择"颜色"选项卡，如图 9-14 所示。在该选项卡中可选择复合打印和分隔打印方式，以方便后面的设置。

图 9-14 "打印"对话框中的"颜色"选项卡

9.2.3 分色（复合）设置

菜单命令：执行"文件"→"打印"菜单命令，打开"打印"对话框，选择"复合"选项卡，如图 9-15 所示。此选项卡可用于设置打印分色版，即将绘图中使用的所有颜色按照 CMYK 颜色模式分成印刷用的 4 种颜色，分别为"青色""洋红""黄色""黑色"，以便图像在经过分色处理后，可以输出为 4 张 CMYK 分色网片。

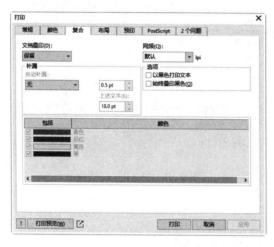

图 9-15 "打印"对话框中的"复合"选项卡

9.2.4 布局设置

菜单命令：执行"文件"→"打印"菜单命令，打开"打印"对话框，选择"布局"选项卡，如图 9-16 所示。在其中可设置打印时的图像位置和大小（"位置"是指作品相对于输出纸张的位置，"大小"是指打印出的作品的大小，不会影响作品的实际位置和大小），设置出血限制，调整版面布局。

图 9-16 "打印"对话框中的"布局"选项卡

9.2.5 预印设置

菜单命令：执行"文件"→"打印"菜单命令，打开"打印"对话框，选择"预印"选项卡，如图 9-17 所示。在这个选项卡中可以对文件进行一些特殊处理，如在使用胶片作为输出介质时勾选"反转""镜像"复选框，选择将文件信息、打印页码、裁剪／折叠标记、注册标记等打印在页面上，调整颜色和用墨浓度。

图 9-17 "打印"对话框中的"预印"选项卡

9.2.6 问题报告

菜单命令：执行"文件"→"打印"菜单命令，打开"打印"对话框，选择"2 个问题"选项卡，如图 9-18 所示。此选项卡上的标签名称会依实际情况而有所不同，如"无问题"或"X 个问题"。通过此选项卡可以查看当前状态下打印的潜在问题，如打印设备不匹配等。对于绝大多数问题，此选项卡中还会显示出建议的解决方法。

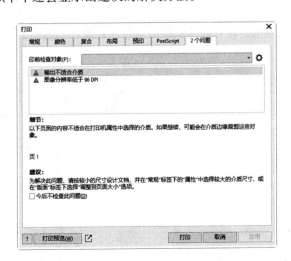

图 9-18 "打印"对话框中的"2 个问题"选项卡

9.3 PDF 输出

菜单命令：执行"文件"→"发布为 PDF"菜单命令，打开"发布为 PDF（H）"对话框，如图 9-19 所示。单击"设置"按钮，在弹出的"PDF 设置"对话框中可对 PDF 文件属性进行设置。

图 9-19 "发布为 PDF（H）"对话框

选择"常规"选项卡，如图 9-20 所示。在其中可先选择导出为 PDF 文件的范围（包括"当前文档""当前页""文档""页""选定内容"选项），再进行兼容性配置，即使用 PDF 浏览器的版本。

在"对象"选项卡中包含了与压缩和字体设置相关的选项，如图 9-21 所示。在其中可选择压缩后图像文件的类型及质量，设置缩减取样的颜色、灰度和单色的值，设置文本和字体选项。

图 9-20 "PDF 设置"对话框中的"常规"选项卡　图 9-21 "PDF 设置"对话框中的"对象"选项卡

"文档"选项卡中的选项与书签和编码有关，如图 9-22 所示。在其中可以设置是否包含超链接、是否生成书签、是否生成缩略图和启动时的显示效果，并能够在 ASCII 85 和二进制编码之间切换。

"预印"选项卡则主要用于打印机标记的设定，如图 9-23 所示。可从中选择是否在输出的文件中加入裁剪标记、注册标记、文件信息和尺度比例，并可设置出血版限制。

图 9-22 "PDF 设置"对话框中的"文档"选项卡　图 9-23 "PDF 设置"对话框中的"预印"选项卡

"安全性"选项卡可用于文件权限的设置，如图 9-24 所示。可使用打开密码或权限密码保护文件，当使用权限密码保护文件时，又可分别设置打印权限和编辑权限。在输入密码时，输入内容会以"*"显示来保护隐私，并要求用户输入两次确认，当两次输入的内容不同时，需要重新输入。

"颜色"选项卡如图 9-25 所示，在其中可对一些特殊属性及颜色管理进行设置。

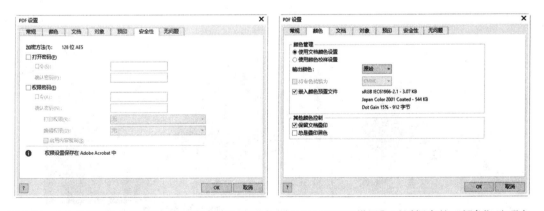

图 9-24 "PDF 设置"对话框中的"安全性"选项卡 图 9-25 "PDF 设置"对话框中的"颜色"选项卡

"无问题"选项卡的用法与"打印"对话框中"无问题"选项卡的用法相似，如图 9-26 所示。

图 9-26 "PDF 设置"对话框中的"无问题"选项卡

9.4 Web 图像优化

Web 图像优化的主要目的是将设计文件经过压缩等处理缩小文件体积,转换为适用于网络传播的格式,如 .gif 文件。这种优化方式往往是以降低文件质量为代价的,因此很难在视觉效果上获得改善。

菜单命令:执行"文件"→"导出为"→"Web(W)"菜单命令,打开如图 9-27 所示的"导出到网页"对话框。CorelDRAW 2024 可导出与 Web 兼容的文件格式,包括 GIF、PNG 和 JPEG。在指定导出选项时,最多可以使用四种不同的配置设置来预览图像。可以比较文件格式、预设设置、下载速度、压缩、文件大小、图像质量和颜色范围。还可以通过在预览窗口中进行缩放和平移来检查预览,根据设置、高级、转换等选项来优化图像。

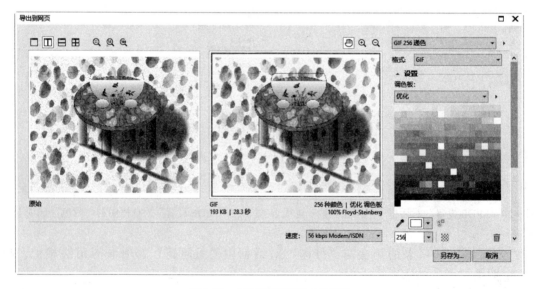

图 9-27 "导出到网页"对话框

9.5 思考与练习

1. 在打印预览窗口中，不能直接执行的操作是（   ）。

   A. 编辑对象填充属性   B. 设置页面标尺

   C. 满屏显示当前对象   D. 调整版面布局

2. "打印"对话框中的"分色（复合）"设置是基于（   ）颜色模式的设置。

   A. RGB   B. HSB   C. CMYK   D. Lab

3. 在使用"打印"对话框中的"预印"设置时，不能将（   ）打印在纸介质上。

   A. 文件信息   B. 注册标记   C. 打印页码   D. 文件的配色方案

4. 在使用 PDF 输出时，不能对（   ）操作单独设置权限。

   A. 打开文件   B. 打印文件   C. 编辑文件   D. 复制文件

5. 在使用"Web 图像优化"操作时，可以使图像的（   ）得到优化。

   A. 质量   B. 颜色   C. 分辨率   D. 体积

第 *10* 章　综合应用实例

人文素养

视觉传达设计作为实践性很强的一门专业，要想掌握它，设计师应具备较强的创新思维能力。偏重设计技能的传授，忽视设计创新思维的培养，会导致设计者在不懂如何思考的情况下进行大量的模仿和抄袭，使图形设计成为无源之水。

在读图时代，图形文化已经渗透到人们生活的各个方面。生活离不开设计，设计更需要创新。作为一名设计师，在这个不断创新的时代里只有脚踏实地、诚实守信才能做到真正的自信。尊重他人的劳动成果，遵循基本的契约精神是每一个设计从业者的职业操守。

本章导读

本章将通过具体事物的设计制作练习，介绍 CorelDRAW 2024 在平面设计中的具体应用。

学习目标

1. 熟练使用交互式阴影工具。
2. 熟练使用渐变填充工具。
3. 熟练使用钢笔工具和贝塞尔工具等。

10.1　实例

10.1.1　制作文字特效

制作如图 10-1 所示的文字特效。

1）启动 CorelDRAW 2024。

2）执行"文件"→"新建"菜单命令，打开"创建新文档"对话框，在"文档设置"选项组中设置"名称"为"放射字"、页面大小为 A4、"原色模式"为"RGB"、"分辨率"为"300"，如图 10-2 所示。单击"OK"按钮，创建文档，如图 10-3 所示。

图 10-1　文字特效

图 10-2　"文档设置"选项组

图 10-3　创建文档

3）单击工具箱中的"文本工具"图标，在空白的地方输入文字，在上方的属性栏中设置字体为"华文中宋"，生成的字体效果如图 10-4 所示。

4）选中输入的文字，在上方的属性栏中单击"将文本更改为垂直方向"图标，并设置填充颜色为"海洋绿"，RGB 数值分别为 102、153、153。设置字体属性后的效果如图 10-5 所示。

5）选中文字，在左侧的工具箱中单击"封套工具"图标，此时文字周围显示出矩形边框，如图 10-6 所示。将上方和下方的两个控制点分别向左右两边拉长，将中间的两个控制点向内收缩，结果如图 10-1 所示。

平面设计

平面
设
计

平面
设
计

图 10-4　生成的字体效果 　　　图 10-5　设置字体属性后的效果 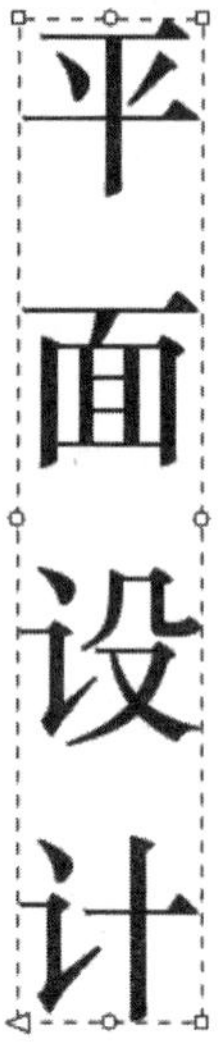　　图 10-6　显示出矩形边框

10.1.2　制作日历

制作如图 10-7 所示的日历。

图 10-7　日历

1）启动 CorelDRAW 2024。

2）选择菜单栏中的"文件"→"新建"命令，创建 CorelDRAW 文件，然后将其保存。

3）单击工具箱中的"矩形工具"按钮□，在页面中绘制一个矩形（作为日历的背景图框），如图 10-8 所示。

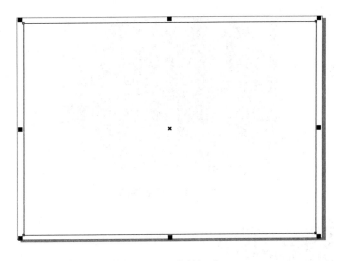

图 10-8 绘制矩形

4）选中该矩形，按下快捷键 {F11}，打开如图 10-9 所示的"编辑填充"对话框，选择"渐变填充"选项，设置渐变类型为"线性渐变填充"、旋转角度为 −90°、颜色为从浅蓝色到白色。设置完成后，单击"OK"按钮，填充矩形。

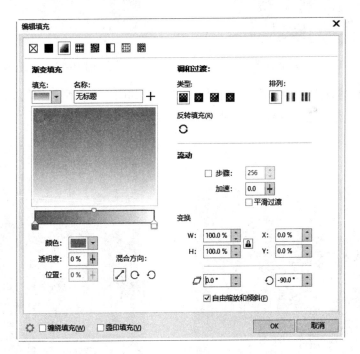

图 10-9 "编辑填充"对话框

5）单击工具箱中的"椭圆形工具"按钮 ◯，在该页面上绘制一个椭圆，如图 10-10 所示。

6）采用同样的方法，再绘制一个小椭圆，如图 10-11 所示。单击工具箱中的"手绘工具"按钮 ，在弹出的菜单中单击"钢笔工具"按钮 或"贝塞尔工具"按钮 ，在小椭圆上绘制图形，如图 10-12 所示。

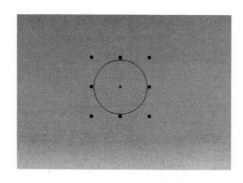

图 10-10 绘制椭圆

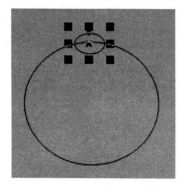

图 10-11 绘制小椭圆

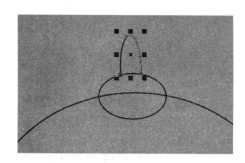

图 10-12 绘制图形

7）采用同样的方法，再绘制一个椭圆形的光圈，如图 10-13 所示。单击右边调色板上的蓝色，给大椭圆形填充蓝色，如图 10-14 所示。

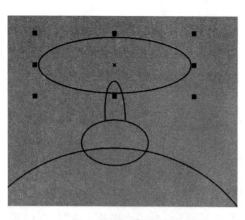

图 10-13 绘制椭圆形的光圈

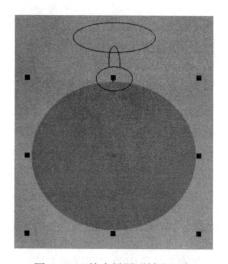

图 10-14 给大椭圆形填充蓝色

8）单击右边调色板上的黄色，给小椭圆形填充黄色，如图 10-15 所示。然后选择此黄色椭圆形并右击，选择"顺序"→"向后一层"命令，如图 10-16 所示。

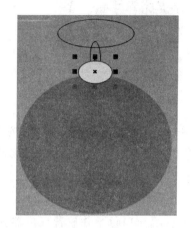

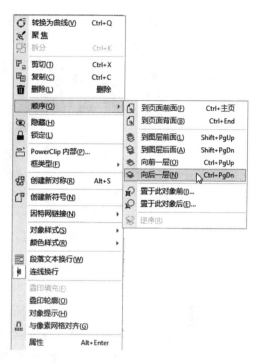

图 10-15　给小椭圆形填充黄色　　　　　　　图 10-16　选择"向后一层"命令

9）采用白色填充上方的椭圆形。然后绘制一个椭圆形作为机器猫的眼睛，如图 10-17 所示。

10）选中刚绘制的眼睛，按 {Ctrl+D} 键，复制生成另一侧的眼睛。

11）单击右边调色板上的白色，采用白色填充小椭圆形的眼睛，并在眼睛上绘制两个黑色的小椭圆形，完成眼睛的绘制，如图 10-18 所示。

12）结合"贝塞尔工具"和"钢笔工具"绘制机器猫的小脸，结果如图 10-19 所示。给机器猫的小脸填充白色，并调整小脸的顺序。使用相同的方法绘制机器猫的嘴，然后给其填充颜色，结果如图 10-20 所示。

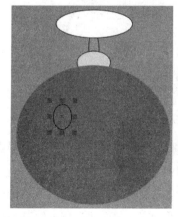　　

图 10-17　绘制椭圆形眼睛　　　　图 10-18　完成眼睛的绘制　　　　图 10-19　绘制机器猫的小脸

253

图 10-20　绘制机器猫的嘴并填充颜色

13）使用同样的方法绘制机器猫的胡须和鼻子。单击工具箱中的"手绘工具"按钮，在弹出的菜单中单击"贝塞尔工具"按钮，绘制机器猫的身体。调整机器猫身体的形状，给其填充蓝色，并使用轮廓笔设置填充图形的轮廓为蓝色。选择此蓝色机器猫身体并右击，选择"顺序"→"向后一层"命令，将机器猫的脸放在身体上，如图 10-21 所示。

14）采用上述同样的方法，绘制机器猫的脚，然后填充白色，并放置在机器猫身体的下面。

15）单击工具箱中的"阴影"按钮，设置阴影羽化值为 6，使用鼠标选中并拖动机器猫的脚，创建阴影，结果如图 10-22 所示。

图 10-21　将机器猫的脸放在身体上

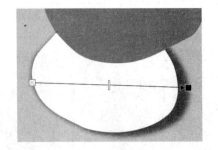

图 10-22　创建阴影

16）选中绘制好的脚，按 {Ctrl+D} 键，复制生成另一侧的脚。使用椭圆形工具绘制机器猫的肚子，给其填充白色，然后调整肚子的顺序，结果如图 10-23 所示。

17）采用上述同样的方法，绘制完成机器猫的细节部分，使机器猫更加逼真。然后单击工具箱中的"阴影"按钮，使用鼠标选中并拖动图形，创建阴影，完成整个机器猫的绘制，结果如图 10-24 所示。

图 10-23　绘制机器猫的双脚和肚子

图 10-24　完成整个机器猫的绘制

18）单击工具箱中的"文本工具"按钮**字**，在背景图上输入文字。选中输入的文本，并在属性栏中设置字体为华文新魏，设置字体大小为 72，然后调整文本到最佳位置。

19）单击工具箱中的"阴影"按钮**□**，使用鼠标选中文字，向右上方拖动鼠标，创建文字阴影，效果如图 10-25 所示。

图 10-25　创建文字阴影

20）单击工具箱中的"文本工具"按钮**字**，设置字体为华文新魏、字号为 30，在背景图上创建从"星期日"到"星期一"的文字。选中"星期日"到"星期一"的文字，然后选择菜单栏中的"对象"→"对齐与分布"→"对齐与分布"命令，打开"对齐与分布"泊坞窗，在"对齐"选项组中设置文字的对齐方式。采用同样的方法输入相应的数字日期，然后调整日历中文本框的位置，结果如图 10-26 所示。

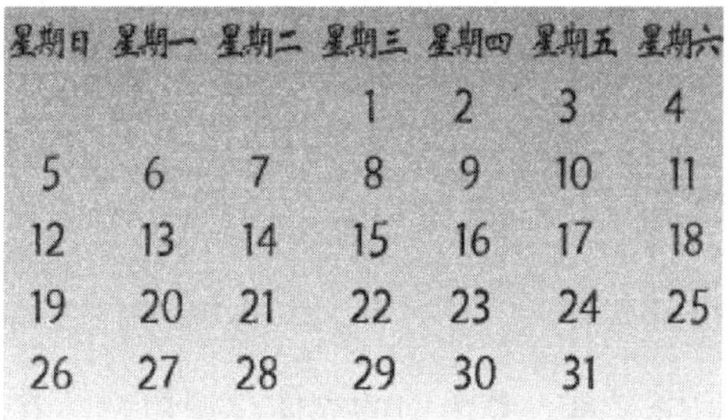

星期日	星期一	星期二	星期三	星期四	星期五	星期六
			1	2	3	4
5	6	7	8	9	10	11
12	13	14	15	16	17	18
19	20	21	22	23	24	25
26	27	28	29	30	31	

图 10-26　输入星期和日期文字并对齐

21）调整文字的位置，并将所有对象进行群组，结果如图 10-7 所示。

10.1.3 制作日历的框架

制作如图 10-27 所示的日历框架。

图 10-27 日历框架

1）启动 CorelDRAW 2024。

2）选择菜单栏中的"文件"→"新建"命令，创建 CorelDRAW 文件，然后将其保存，并命名为"日历框架"。

3）单击工具箱中的"多边形工具"按钮〇，在属性栏中将多边形的边数设置为 3，绘制一个三角形，如图 10-28 所示。

4）选择菜单栏中的"对象"→"转换为曲线"命令，将绘制的三角形转换为可以编辑的曲线。单击工具箱中的"形状工具"按钮 ⸜，用鼠标拖动节点调整三角形的形状并删除多余的节点，再在右下方的边线上双击添加一个节点，然后将三角形设置为透视效果，如图 10-29 所示。

图 10-28 绘制三角形   图 10-29 调整三角形的形状并设置为透视效果

5）单击工具箱中的"阴影工具"菜单中的立体化按钮 ⬡，在三角形对象上按住鼠标左键并拖动，出现立方体三维控制视窗（见图 10-30），并且在三维视窗的中部出现三维控制线，松开鼠标后的效果如图 10-31 所示。

图 10-30　出现立方体三维控制视窗

6）单击工具箱中的"形状工具"按钮 ，拖动底边线中间的节点，调整日历框架的形状和位置，结果如图 10-32 所示。

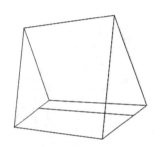 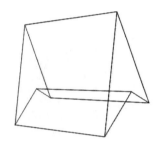

图 10-31　松开鼠标后的效果　　　　　　　图 10-32　调整日历框架的形状和位置

7）执行"文件"→"导入"菜单命令，将前面绘制的日历导入图中并调整图形的大小，执行"位图"→"转换为位图"菜单命令，将其转换为位图，再执行"对象"→"透视点"→"添加透视"菜单命令，添加透视效果，此时图形如图 10-33 所示。然后拖动 4 个边角对其进行透视变形，结果如图 10-34 所示。

图 10-33　添加透视效果　　　　　　　　　图 10-34　进行透视变形

8）选中三角形后单击右侧调色板，给其填充蓝色，然后使用"钢笔工具"绘制线段，调整后的效果如图 10-35 所示。

9）单击工具箱中的"椭圆形工具"图标 ○，在已绘制的日历框架上绘制一个椭圆形，再单击属性栏中的"弧形"图标 ⌒ 将椭圆形转换成一段圆弧，并在属性栏的角度设置文本框中设置圆弧的起始角度和结束角度，效果如图10-36所示。

10）单击工具箱中的"椭圆形工具"图标 ○，绘制一个椭圆形并填充颜色为黑色，然后调整其大小和位置如图10-37所示。

11）更改圆弧的外轮廓粗细，使挂环更逼真。然后将绘制好的挂环进行复制、粘贴并调整位置，完成日历框架的绘制，结果如图10-27所示。

图 10-35　为三角形填充蓝色并绘制线段

图 10-36　绘制圆弧

图 10-37　绘制椭圆形并调整大小和位置

10.1.4　制作光盘盘封

制作如图10-38所示的光盘盘封。

图 10-38　光盘盘封

258

1）启动 CorelDRAW 2024。

2）选择菜单栏中的"文件"→"新建"命令，创建 CorelDRAW 文件，然后将其保存。

3）从电子资料包中导入一张风景图，调整图片的大小并将其转换为位图，如图 10-39 所示。

图 10-39 导入风景图并转换为位图

4）选中位图，执行"效果"→"艺术笔触"→"立体派"菜单命令，弹出"立体派"泊坞窗，如图 10-40 所示。在其中设置画笔"大小"为 10、"亮度"为 60，将位图变成立体派艺术效果，如图 10-41 所示。

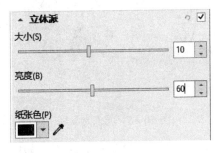

图 10-40 "立体派"泊坞窗

图 10-41 立体派艺术效果

5）单击工具箱中的"椭圆形工具"图标○，按住 {Ctrl} 键的同时在绘图页面上拖动鼠标左键，绘制一个正圆形，并复制出 3 个同心正圆形，分别调整它们的直径为 150mm、140mm、

35mm、15mm，然后选中所有的正圆形，执行"对象"→"对齐与分布"→"对页面居中"菜单命令，结果如图 10-42 所示。

6）分别选取直径为 140mm 和 35mm 的正圆形，然后执行"对象"→"合并"菜单命令，生成环状剪切图形。

7）选中绘制好的位图，将其移动到绘图区中适当的位置，然后执行"对象"→"PowerClip"→"置于图文框内部"菜单命令，出现黑色箭头。单击环状剪切图形，位图被精确剪切并放入环状剪切图形内，如图 10-43 所示。

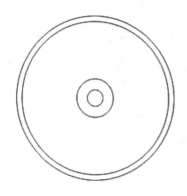

图 10-42 绘制同心圆并使其对页面居中

图 10-43 剪切位图

8）单击工具箱中的"文本工具"图标 字，输入文本并调整文本的位置，然后给文本填充颜色，结果如图 10-44 所示。

9）继续单击工具箱中的"文本工具"图标 字，在已绘制的光盘上输入光盘名，然后单击工具箱中的"选择工具"图标 ，移动光盘名至适当位置，结果如图 10-45 所示。

图 10-44 输入文本并填充颜色

图 10-45 输入光盘名

10）选中直径为 15mm 的正圆形，单击调色板，选择白色，将其填充为白色。选中直径为 150mm 的正圆形，按 {F11} 键，打开"编辑填充"对话框，选择"均匀填充"选项，参数设置如图 10-46 所示。全选光盘并右击，在弹出的快捷菜单中选择"群组"命令，或者按 {Ctrl+G} 快捷键，群组整个光盘。制作完成的光盘如图 10-47 所示。

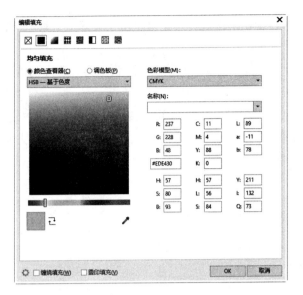

图 10-46 参数设置

图 10-47 制作完成的光盘

11）复制几个已经做好的光盘，并改变它们的大小和形状，结果如图 10-38 所示。

10.1.5 设计包装外观

设计如图 10-48 所示的包装外观。

1）启动 CorelDRAW 2024。

2）执行"文件"→"新建"菜单命令，打开"创建新文档"对话框，在"文档设置"选项组中设置"名称"为"包装设计"、"原色模式"为"CMYK"、"宽度"为"210.0mm"、"高度"为"297.0mm"、"分辨率为""300"，如图 10-49 所示。然后单击"OK"按钮，创建一个新文档。

图 10-48 包装外观

图 10-49 参数设置

3）单击工具箱中的"矩形工具"图标，绘制一个长方形，再单击"贝塞尔工具"图标，绘制立体效果，如图 10-50 所示。

4）使用工具箱中的"贝塞尔工具"绘制出包装轮廓，并使用"形状工具"进行调整。绘制的包装轮廓如图 10-51 所示。

5）执行"窗口"→"泊坞窗"→"属性"菜单命令，打开"属性"泊坞窗，从中选择"填充"→"均匀填充"选项，对包装轮廓进行填充。右击调色板上面的"关闭"图标，去掉黑色轮廓，颜色填充效果如图 10-52 所示。

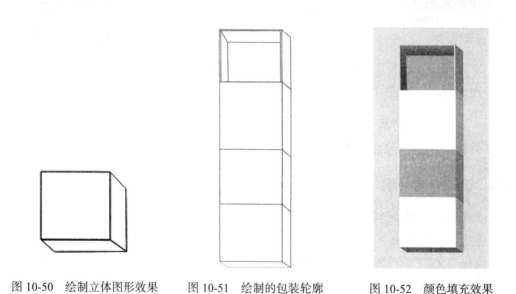

图 10-50　绘制立体图形效果　　　图 10-51　绘制的包装轮廓　　　图 10-52　颜色填充效果

6）使用"贝塞尔工具"绘制出熊猫图案，利用"形状工具"进行调整，打开"属性"泊坞窗，选择"填充"→"均匀填充"选项，对其进行填充，调整图形前后顺序，效果如图 10-53 所示。利用"移动工具"把熊猫图案移动到图 10-52 中，效果如图 10-54 所示。

7）利用工具箱中的"矩形工具"，绘制一个矩形，用 RGB（168、212、163）颜色填充，右击调色板上面的"关闭"按钮，去掉黑色轮廓，再执行"生成副本"命令，调整位置复制多个图形。使用工具箱中的"椭圆形工具"，绘制一个正圆形，利用"矩形工具"选中一半正圆形，然后使用"移动工具"选中两个图形，单击属性栏里的"移除前面对象"图标，得到一个半圆形，用 RGB（168、212、163）颜色填充，右击调色板上面的"关闭"图标，去掉黑色轮廓，再执行"生成副本"命令绘制多个图形，利用"移动工具"移动、翻转和调整位置。图案添加完成后的效果如图 10-55 所示。

8）单击工具箱中的"文本工具"图标，添加"南月茶""南小月"等文本，然后使用工具箱中的"移动工具"和"缩放工具"调整文本位置和大小，使用工具箱中的"椭圆形工具"和"贝塞尔工具"绘制标志，利用"形状工具"进行调整，结果如图 10-48 所示。

图 10-53　绘制熊猫图案　　图 10-54　移动熊猫图案后的效果 图 10-55　图案添加完成后的效果

10.1.6　制作三折页

制作如图 10-56 所示的三折页。

图 10-56　三折页

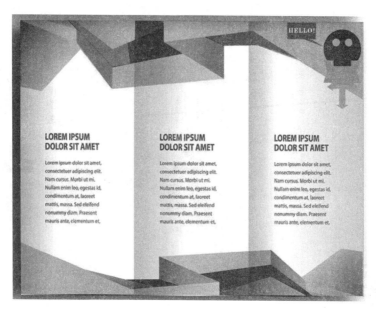

图 10-56 三折页（续）

1）启动 CorelDRAW 2024。

2）执行"文件"→"新建"菜单命令，打开"创建新文档"对话框，在该对话框中设置纸张"宽度"和"高度"分别为"297mm"和"216mm"，单击"OK"按钮，完成新文档的创建。执行"布局"→"文档选项"菜单命令，打开"选项"对话框，选择"辅助线"，设置参数如图 10-57 所示（注意：每次输入数值后单击一次"添加"按钮）。此时将在页面内部设置两条水平方向的辅助线和 4 条垂直方向的辅助线。

图 10-57 设置参数

3）使用工具箱中的"矩形工具"，生成一个与辅助线页面同样大小的矩形。然后执行"窗口"→"泊坞窗"→"颜色"菜单命令，打开"颜色"泊坞窗，在其中设置填充颜色为白色，取消轮廓。选中矩形，右击，在弹出的快捷菜单中选择"锁定"命令，将矩形锁定。绘制边框并填充颜色后的效果如图 10-58 所示。

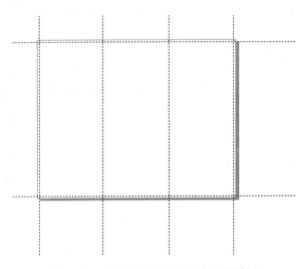

图 10-58　绘制边框并填充颜色后的效果

4）在这个三折页中，有一个贯穿所有内容的核心图形——简单的人形图案。使用工具箱中的"椭圆形工具""矩形工具""多边形工具""贝塞尔工具"，绘制如图 10-59 所示的人形图案轮廓。单击工具箱中的"常见的形状"图标 ，在属性栏中单击"常用形状"按钮，在列表框中找到"标注形状"图标，单击第一个图标 ⬜，绘制一个适当大小的注释框，再在工具箱中单击"文本工具"图标，在注释框中输入"HELLO!"，然后将人形图案分别填充为"昏暗蓝""浅蓝绿""20% 黑""40% 黑"，颜色参考数值分别为 RGB（102、102、204）、RGB（153、204、204）、RGB（204、204、204）、RGB（153、153、153）。绘制的人形图案效果如图 10-60 所示。

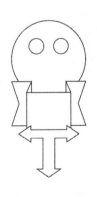

图 10-59　绘制人形图案轮廓

图 10-60　绘制的人形图案效果

5）这个三折页中的形状都是由色块组成的。使用工具箱中的"矩形工具"绘制矩形，并执行"对象"→"透视点"→"添加透视"菜单命令制作出适当的效果，再使用"贝塞尔工具"进行辅助操作，使用工具箱中的"形状工具"进行调整。绘制的三折页色块的形状如图 10-61 所示。

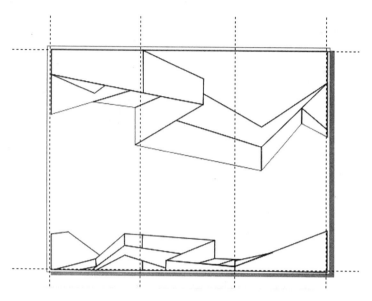

图 10-61　绘制的三折页色块的形状

6）在"属性"泊坞窗中选择"填充"→"渐变填充"选项，分别填充"柠檬黄""灰橙""深灰蓝""浅灰蓝"颜色，对应的颜色数值分别为 RGB（255、203、6）、RGB（242、160、34）、RGB（108、138、172）、RGB（198、212、227）。颜色填充完成后的效果如图 10-62 所示。

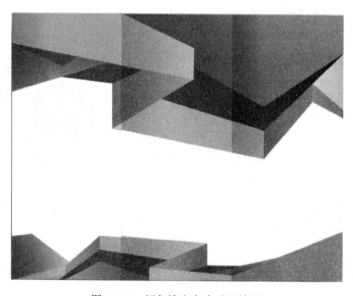

图 10-62　颜色填充完成后的效果

7）使用工具箱中的"文本工具"，输入所需要的英文，在"调色板"中调整文本的颜色。选中文本，调整文本大小并进行排版，标题使用大写（选择"Caps Lock"选项可切换大小写），文本开头为大写，内容为小写。添加文本后的效果如图10-63所示。

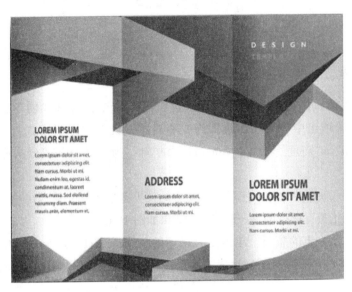

图 10-63　添加文本后的效果

8）将人形图案添加到三折页的适当位置，然后为三折页添加一个投影。选中三折页，并在属性栏中单击"组合对象"图标 ，使用工具箱中的"阴影工具"，在三折页中部使用鼠标轻微向左后方移动，在属性栏中调整"不透明度"和"羽化"属性。三折页调整完成后的效果如图10-64所示。

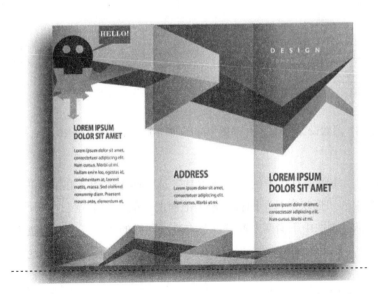

图 10-64　三折页调整完成后的效果

9）按照辅助线及上面所述方法，绘制出三折页的另一面，然后将辅助线删除，结果如图 10-56 所示。执行"文件"→"保存"菜单命令，保存文件。

10.2 练习

10.2.1 设计啤酒瓶展示图

1）创建新文档。执行"文件"→"新建"菜单命令，打开"创建新文档"对话框，在"文档设置"选项组中设置"名称"为"啤酒瓶设计"、"原色模式"为"CMYK"、"宽度"为"216.0mm"、"高度"为"297.0mm"、"方向"为"纵向"、"分辨率"为"300"，如图 10-65 所示。

2）绘制一半的瓶身并调整。使用工具箱中的"贝塞尔工具"绘制出一半的瓶身，再使用工具箱中的"形状工具"进行调整。调整后的效果如图 10-66 所示。

3）复制并镜像一半的瓶身。单击工具箱中的"选择工具"图标，选中一半瓶身，进行"复制""粘贴"操作，然后对复制生成的图形进行"水平镜像"操作，再调整位置，效果如图 10-67 所示。

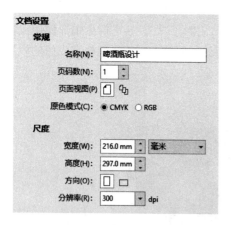

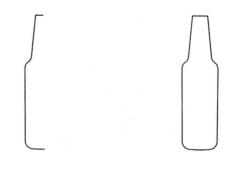

图 10-65　参数设置　　　　图 10-66　调整后的效果　　图 10-67　复制并镜像后的效果

4）闭合节点。使用工具箱中的"选择工具"选中两个图形，在属性栏中单击"合并"图标。单击工具箱中的"形状工具"图标，选中上面两个断开的节点，在属性栏中单击"延长曲线使之闭合"图标，再选中下面两个断开的节点进行同样的操作。生成的瓶身如图 10-68 所示。

5）绘制瓶口。使用工具箱中的"矩形工具"绘制一个矩形，在属性栏中单击"圆角半径"图标，将左下角、右下角都设置为"2.0mm"，然后使用工具箱中的"形状工具"进行调整。绘制的瓶口如图 10-69 所示。

6）绘制和调整瓶盖。使用工具箱中的"贝塞尔工具"绘制瓶盖轮廓和瓶盖凹槽，然后使用"形状工具"进行调整，结果如图 10-70 和图 10-71 所示。

图 10-68　生成的瓶身　　图 10-69　绘制的瓶口　　图 10-70　绘制瓶盖轮廓　　图 10-71　绘制瓶盖凹槽

7）更改瓶身形状和填充瓶身颜色。单击工具箱中的"网状填充工具"图标，然后单击瓶身，在属性栏中单击"网格大小"图标，将横向设置为"5"、纵向设置为"8"，再使用"形状工具"进行调整，结果如图 10-72 所示。使用"形状工具"选择节点并进行填充（瓶身颜色读者可自行设置），去掉黑色轮廓，结果如图 10-73 所示。

8）更改瓶口形状和填充瓶口颜色。单击工具箱中的"网状填充工具"图标，然后单击瓶口，在属性栏中单击"网格大小"图标，将横向修改为"2"、纵向修改为"3"，再使用"形状工具"进行调整，接着使用"形状工具"选择节点进行填充，将横向上两层填充为 RGB（190、83、4），横向下两层填充为 RGB（59、27、8），去掉黑色轮廓，结果如图 10-73 所示。

9）更改瓶盖形状和填充瓶盖颜色。单击工具箱中的"网状填充工具"图标，然后单击瓶盖，在属性栏中单击"网格大小"图标，将横向修改为"3"、纵向修改为"4"，再使用"形状工具"进行调整和填充，将横向上两层填充为 RGB（76、105、119），横向下三层填充为 RGB（215、233、224），去掉黑色轮廓，结果如图 10-73 所示。

10）填充瓶盖凹槽颜色。执行"对象"→"属性"菜单命令，打开"属性"泊坞窗，选择"填充"→"渐变填充"选项，选中一个瓶盖凹槽，填充 RGB（108、126、130）和 RGB（255、255、255）颜色，调整倾斜度（其他瓶盖凹槽的填充方法与此相同），去掉黑色轮廓，结果如图 10-73 所示。

11）绘制和调整标签。使用工具箱中的"贝塞尔工具"绘制标签，并使用工具箱中的"形状工具"进行调整。标签绘制和调整结果如图 10-74 所示。

12）填充标签颜色。执行"对象"→"属性"菜单命令，打开"属性"泊坞窗，选择"填充"→"渐变填充"选项，对标签进行填充，将两个较大的标签左边填充为 RGB（150、245、

255），右边填充为 RGB（35、138、145），将两个较小的标签左边填充为白色，右边填充为 RGB（242、239、237），去掉黑色轮廓。标签填充后的效果如图 10-75 所示。

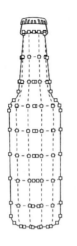

图 10-72　更改瓶身形状　　　　图 10-73　填充颜色　　　　图 10-74　标签绘制和调整结果

13）绘制高光。使用工具箱中的"贝塞尔工具"，绘制出高光形状，填充为白色。使用工具箱中的"透明度工具"，设置透明度为"15"，右击"调色板"上面的"关闭"图标，去掉黑色轮廓。绘制的高光效果如图 10-76 所示。

14）添加文本并进行调整。使用工具箱中的"文本工具"为瓶身添加"MARY""Enjoy the taste""Noble ronin"等文本，然后调整大小和位置。使用"钢笔工具""椭圆形工具""星形工具"画出标志。使用工具箱中的"形状工具"进行修改。设计完成的啤酒瓶展示图如图 10-77 所示。

图 10-75　标签填充后的效果　　　图 10-76　绘制的高光效果　　　图 10-77　设计完成的啤酒瓶展示图

10.2.2　制作电饭煲展示图

1）创建新文档。执行"文件"→"新建"菜单命令，打开"创建新文档"对话框，设置名称为"电饭煲设计"、"原色模式"为"CMYK"、"宽度"为"200.0mm"、"高度"为"200.0mm"、"分辨率"为"300"，如图 10-78 所示。单击"OK"按钮，完成新文档的创建。

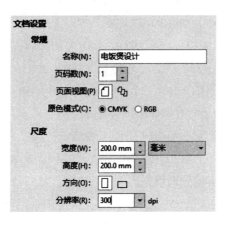

图 10-78　参数设置

2）绘制和调整矩形。使用工具箱中的"矩形工具"绘制一个正方形，在属性栏中设置圆角半径为"20"，然后执行"对象"→"透视点"→"添加透视"菜单命令，调整矩形。绘制和调整后的矩形如图 10-79 所示。

3）绘制外形。选中图形，使用工具箱中的"立体化工具"向下拉，在属性栏中选择"立体化类型"为 ，调整大小，然后执行"对象"→"组合"→"取消群组"菜单命令，删除后面的图形，再使用工具箱中的"贝塞尔工具"绘制底部。电饭煲外形绘制效果如图 10-80 所示。

4）绘制转折处。使用工具箱中的"贝塞尔工具"和"矩形工具"绘制顶部和中间的区块图形，然后利用"形状工具"进行调整。转折处绘制效果如图 10-81 所示。

5）绘制阴影。选中图形顶层，向下移动并执行"复制"命令，复制 5 个图形，然后使用"贝塞尔工具"绘制出中间的阴影，再利用工具箱中的"形状工具"进行调整。阴影绘制效果如图 10-82 所示。

图 10-79　绘制和调整
后的矩形

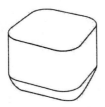

图 10-80　电饭煲外形
绘制效果

图 10-81　转折处
绘制效果

图 10-82　阴影绘
制效果

271

6）填充外形颜色。打开"属性"泊坞窗，选择"填充"→"均匀填充"选项，填充电饭煲外形，将顶部两块的颜色分别填充为 RGB（34、33、49）和 RGB（118、117、130），底部和中间小图形的颜色填充为 RGB（0、0、0）。侧面使用"渐变填充"工具进行填充，其设置如图 10-83 所示。上半部分从左到右填充的颜色分别为 RGB（49、55、74）、RGB（46、52、69）、RGB（212、212、230）、RGB（21、24、31）、RGB（172、178、196）、RGB（172、178、196）、RGB（67、70、85）、RGB（67、70、85）、RGB（150、160、171），下半部分从左到右填充的颜色分别为 RGB（89、54、92）、RGB（89、54、92）、RGB（250、232、239）、RGB（101、73、88）、RGB（237、220、228）、RGB（232、214、222）、RGB（101、73、88）、RGB（101、73、88）、RGB（187、174、184）。右击"调色板"上面的"关闭"图标，去掉黑色轮廓。颜色填充完成后的效果如图 10-84 所示。

7）填充细节颜色，添加阴影。打开"属性"泊坞窗，选择"填充"→"渐变填充"选项，将第一层填充为 RGB（0、0、0）和 RGB（200、178、214），调整倾斜度，然后选择"填充"→"均匀填充"选项，将第二～五层分别填充为 RGB（255、255、255）、RGB（181、181、181）、RGB（112、112、112）和 RGB（255、255、255），调整图形前后关系，接着选择"填充"→"均匀填充"选项，将中间三层分别填充为 RGB（0、0、0）、RGB（59、62、74）和（255、240、247），调整图形前后关系。右击"调色板"上面的"关闭"图标，去掉黑色轮廓。转折处和阴影处的填充效果如图 10-85 所示。

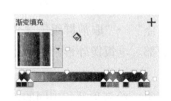

图 10-83 "渐变填充"设置　　图 10-84 颜色填充完成后的效果　　图 10-85 转折处和阴影处的
　　　　　　　　　　　　　　　　　　　　　　　　　　　　　　　　　　填充效果

8）绘制按钮。分别使用工具箱中的"椭圆形工具"和"立体化工具"绘制出两个按钮，如图 10-86 和图 10-87 所示。

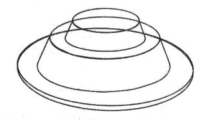

图 10-86 使用"椭圆形工具"绘制的按钮 1　　图 10-87 使用"立体化工具"绘制的按钮 2

9）填充按钮颜色。打开"属性"泊坞窗，选择"填充"→渐变填充"→"圆锥形渐变"

选项，填充如图 10-86 所示按钮 1 的顶层，其设置如图 10-88 所示，颜色分别为 RGB（186、160、174）、RGB（255、240、247）、RGB（186、160、174）、RGB（255、240、247）。使用工具栏中的"块阴影工具"绘制黑色暗面，使用"渐变填充"工具填充下一层的颜色为 RGB（249、247、255）、RGB（192、188、202），使用"渐变填充"工具填充底层的颜色为 RGB（162、124、163）、RGB（255、245、250）。右击"调色板"上面的"关闭"图标，去掉黑色轮廓，效果如图 10-89 所示。使用同样的方法对如图 10-87 所示的按钮 2 进行填充，效果如图 10-90 所示。

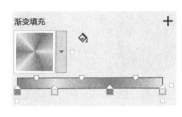

图 10-88 "渐变填充"设置　　图 10-89 填充按钮 1 的效果　　图 10-90 填充按钮 2 的效果

10）移动按钮和改变按钮的大小。使用"移动工具"移动按钮并改变按钮的大小，效果如图 10-91 所示。

11）添加文本。分别使用工具箱中的"文本工具""矩形工具""椭圆形工具"绘制出按钮并输入文本，然后群组图形和文本。添加文本后的效果如图 10-92 所示。

12）变形。分别利用"效果"菜单中所对应的命令和"对象"菜单中的"添加透视"命令，变形图形和文本。制作完成的电饭煲示意图如图 10-93 所示。

图 10-91　移动按钮并改变　　　图 10-92　添加文本后的效果　　　图 10-93　制作完成的电饭煲
　　　　按钮大小后的效果　　　　　　　　　　　　　　　　　　　　　　　示意图